Diese Mitteilungen setzen eine von Erich Regener begründete Reihe fort, deren Hefte am Ende dieser Arbeit genannt sind.

Bis Heft 19 wurden die Mitteilungen herausgegeben von J. Bartels und W. Dieminger. Von Heft 20 an zeichnen W. Dieminger, A. Ehmert und G. Pfotzer als Herausgeber.

Das Max-Planck-Institut für Aeronomie vereinigt zwei Institute, das Institut für Stratosphärenphysik und das Institut für Ionosphärenpyhsik.

Ein **(S)** oder **(I)** beim Titel deutet an, aus welchem Institut die Arbeit stammt.

Anschrift der beiden Institute:

3411 Lindau

ISBN 978-3-540-05776-5 ISBN 978-3-642-65360-5 (eBook)
DOI 10.1007/978-3-642-65360-5

TEMPERATURBERECHNUNG DER VENUSATMOSPHÄRE BIS 80 KM HÖHE AUFGRUND SOLARER UND THERMISCHER STRAHLUNGSSTRÖME SOWIE KONVEKTIVER UND TURBULENTER WÄRMETRANSPORTE

von

ERICH ROECKNER

Inhaltsverzeichnis

1. Einleitung und Problemstellung 5

2. Fakten und Voraussetzungen 6
   - 2.1 Elemente der Umlaufbahn, Rotation und Dimension des Planeten Venus 6
   - 2.2 Zusammensetzung der Atmosphäre 6
   - 2.3 Wolken 7
   - 2.4 Temperatur und Druck an der Oberfläche 7
   - 2.5 Voraussetzungen 8

3. Theorie 8
   - 3.1 Strahlungsströme 9
     - 3.11 Sonnenstrahlung 9
     - 3.12 Langwellige Strahlung 10
   - 3.2 Wärmetransport 13

4. Absorptionsfunktionen 13
   - 4.1 Absorptionsspektren von Kohlendioxid und Wasserdampf 13
   - 4.2 Absorptionsmodelle 14
     - 4.21 Elsasser-Modell 14
     - 4.22 Goody-Modell 15
   - 4.3 Auswertung der Absorptionsdaten 15
     - 4.31 Wellenlängenbereich $1 - 20\mu$ 16
     - 4.32 $0,94\mu$-Wasserdampfbande 16
     - 4.33 Wasserdampf-Rotationsbande 17
   - 4.4 Berechnung der Absorptionsfunktionen 18
     - 4.41 Solare Absorptionsfunktion 18
     - 4.42 Langwellige Absorptionsfunktionen 19
   - 4.5 Temperatur- und Druckkorrektur 21
   - 4.6 Absorption von Gasgemischen 22
   - 4.7 Interpolations- und Extrapolationsverfahren 23
     - 4.71 Solare Absorptionsfunktion 24
     - 4.72 Langwellige Absorptionsfunktionen 25

5. Modell und Methode 26
   - 5.1 Modell 26
   - 5.2 Anfangsbedingungen 27

5.3	Randbedingungen	27
	5.31 Boden	27
	5.32 Oberer Rand der Modellatmosphäre	28
	5.33 Wolken	28
5.4	Rechenmethode	29
	5.41 Atmosphärische Zustandsgrößen	29
	5.42 Strahlungs- und Wärmeströme	30
	5.421 Sonnenstrahlung	30
	5.422 Langwellige Strahlung	32
	5.423 Wärmetransport	33
	5.43 Asymptotische Lösung	34

6. Fehlerbetrachtung 36

7. Ergebnisse 36

   7.1 Wasserdampfgehalt 37

   7.2 Wolken 41

   7.3 Bodendruck, Diffusionskoeffizient, Albedo, Randbedingungen 43

   7.4 Meridionale und tageszeitliche Temperaturunterschiede 44

8. Vergleich mit anderen Ergebnissen 46

9. Allgemeine Zirkulation der Venusatmosphäre 47

10. Zusammenfassung 48

    Summary 49

11. Symbole und Abkürzungen 50

12. Literaturverzeichnis 52

1. Einleitung und Problemstellung

Noch vor 10 Jahren waren von dem erdnächsten Planeten Venus nur wenig mehr als die Elemente der Umlaufbahn bekannt. Eine dichte Wolkendecke in unbekannter Höhe über der Oberfläche verhinderte eine genaue Bestimmung von Durchmesser und Rotationsperiode. Man kannte weder die Dichte und Zusammensetzung der Atmosphäre und der Wolken noch wußte man etwas über ihre thermische Struktur und möglichen Zirkulationen.

Durch die erfolgreichen Flüge der amerikanischen "Mariner"- und besonders der russischen "Venera"-Raumsonden ist das Wissen über die Venusatmosphäre erheblich gewachsen, und es ist möglich geworden, viele Fragen, die vorher nur spekulativ beantwortet werden konnten, mit größerer Genauigkeit zu klären.

Hierzu gehören die Erkenntnisse über die hohe Venusatmosphäre ebenso wie über die Zusammensetzung, die Druck- und Temperaturverhältnisse der unteren Atmosphäre. Weiter gelang es durch verfeinerte Methoden der Radarastronomie, Aufschlüsse über Rotationsperiode und Durchmesser des Planeten zu erhalten.

Besonders die Temperaturverteilung - speziell die Oberflächentemperatur - waren viele Jahre Gegenstand von Diskussionen, da sich nach dem Mikrowellen-Emissionsspektrum die Strahlungstemperaturen zwischen $290\,^\circ K$ (bei $0,32$ cm) und $700\,^\circ K$ (bei $9,60$ cm) bewegten. Nahm man an, daß die tieferen Temperaturen höheren (kälteren) Niveaus der Atmosphäre entsprächen, so konnte man zu dem Schluß kommen, daß die höchsten erzielbaren Werte den Bodenschichten zuzuordnen seien - unter der Voraussetzung einer thermischen Natur der beobachteten Strahlung. Tatsächlich bestätigten die russischen Venera 5-, 6- und 7-Direktmessungen von 1969/70 die hohen Temperaturen der Oberfläche des Planeten. Es bleibt die Frage, wie diese Temperaturen trotz einer effektiven Temperatur von nur $237\,^\circ K$ zu erklären sind.

Zur Deutung dieses Sachverhaltes werden vier Theorien diskutiert.

Die erste ist mehr spekulativer Art: Sie setzt eine interne Wärmequelle im Planeteninnern voraus, die jedoch erheblich intensiver als die der Erde sein müßte. Es gibt keine Anhaltspunkte für einen derartigen Sachverhalt, so daß der einzige Grund für eine solche Annahme die Tatsache sein dürfte, daß alle übrigen Theorien nicht restlos befriedigend sind und zum Teil sogar erhebliche Widersprüche erzeugen.

Die zweite Theorie besagt, daß die untere Atmosphäre durch aufgewirbelte Staubmassen die Emission planetarischer Strahlung so stark behindert, daß die durch Umwandlung von kinetischer Energie der Staubstürme in thermische Energie erzeugte hohe Temperatur aufrechterhalten werden kann. Tatsächlich würde eine stauberfüllte Atmosphärenschicht das Absorptionsvermögen der Atmosphäre im Infraroten stark erhöhen, jedoch gibt es keine dynamische Erklärung für eine Aufrechterhaltung hoher Windgeschwindigkeiten am Boden. Es müßte ein intensiver Impulstransport aus höheren Luftschichten nach unten vorhanden sein, der jedoch unwahrscheinlich ist wegen der räumlich und zeitlich einheitlichen Temperatur der Wolkenobergrenze und der damit verbundenen geringen Druckgegensätze.

Die dritte Theorie bietet ebenfalls eine dynamische Erklärung an: Wegen der langsamen Rotation von Venus und der möglicherweise hohen Sonnenstrahlungsabsorption der sichtbaren Wolkenschicht stellt sich eine Hadley-Zirkulation zwischen subsolarem und antisolarem Punkt ein, die mit langsamen, tiefreichenden adiabatischen Strömungen für eine hohe Temperatur der Venusoberfläche sorgen könnte, selbst wenn die Sonnenstrahlung bereits vollständig in der Wolkenschicht absorbiert würde. GOODY und ROBINSON [1966] lieferten mit einer Zirkulationsrechnung Anhaltspunkte für eine solche Möglichkeit.

Diese Theorie berücksichtigt auch eine Schwierigkeit, welche die vierte naheliegendste Erklärungsmöglichkeit für hohe Oberflächentemperaturen - die Annahme eines Glashauseffektes - für Venus besitzt. Danach muß wenigstens ein Teil der Sonnenstrahlung bis zur Oberfläche vordringen und dort für eine Erwärmung sorgen können, während die thermische Emission der Oberfläche und der Atmosphäre durch ein hohes Absorptionsvermögen der Atmosphäre im Infraroten so stark behindert wird, daß die Emission in den Weltraum vorwiegend von höheren (kälteren) Niveaus der Atmosphäre ausgeht, möglicherweise erst von Wolkenoberflächen.

Die Annahme einer Glashaustheorie für Venus ist besonders naheliegend, da diese eine dichte CO_2-Atmosphäre besitzt und wahrscheinlich sogar kleinere Mengen von Wasserdampf. Beide Gase besitzen eine Reihe von Absorptionsbanden im nahen und fernen Infrarot, während sie im sichtbaren Bereich des Spektrums nahezu transparent sind.

In der vorliegenden Arbeit wird untersucht, ob die Temperatur der Venusoberfläche durch ein Glashausmodell mit hoher Sonnenstrahlungsabsorption der Atmosphäre und der Wolken erklärt werden kann. Es wird versucht, eine stationäre Temperaturverteilung einer (CO_2+H_2O)-Venusatmosphäre bis 80 km Höhe zu errechnen als asymptotische Lösung eines Anfangswertproblems unter Berücksichtigung der solaren Einstrahlung, der thermischen Emission der Atmosphäre sowie konvektiver und turbulenter Wärmetransporte.

2. Fakten und Voraussetzungen

2.1 Elemente der Umlaufbahn, Rotation und Dimension des Planeten Venus

Venus umkreist die Sonne in einem mittleren Abstand von 0,723 astronomischen Einheiten (1 AE = $1,496 \cdot 10^9$ km). Die Bahn ist nahezu kreisförmig mit einer Exzentrizität von nur 0,0068. Die Ekliptikschiefe beträgt $3°39'$. Venus bewegt sich in 224,7 Tagen um die Sonne - wie alle anderen Planeten im entgegengesetzten Uhrzeigersinn, wenn man vom Nordpol der Ekliptik herabsieht.

Die Rotationsperiode ist erst in den letzten Jahren mit Hilfe der Radarastronomie bestimmt worden, da die Standardmethoden wegen der strukturlosen Wolkendecke scheiterten. Danach ist die Rotation retrograd und ihre Periode beträgt etwa 250 Tage. Zusammen mit der Umlaufzeit von 224,7 Tagen ergibt sich die Länge des Venustages damit zu etwa 120 Erdtagen.

Die dichte Wolkendecke behinderte auch die genaue Bestimmung des Venus-Radius. Neuere Messungen mit Hilfe der planetarischen Sonden Mariner 5 und Venera 5 und 6 ergaben in guter Übereinstimmung mit radarastronomischen Messungen von der Erde aus einen Radius von etwa 6050 km.

2.2 Zusammensetzung der Atmosphäre

Quantitative Angaben über die Zusammensetzung der Atmosphäre unterhalb der sichtbaren Wolkenschicht sind nur mit Hilfe von direkten Messungen möglich. Messungen mit Hilfe von Gasanalysatoren an Bord der russischen Venussonden Venera 4, 5 und 6 ergaben folgende Zusammensetzung der Atmosphäre zwischen etwa 20 und 60 km Höhe [AVDUEVSKY et al., 1970] :

Tabelle 1

Zusammensetzung der Venusatmosphäre

CO_2	93 - 97 %
N_2	2 - 5 %
O_2	< 0,4 %
H_2O	4 - 11 mg/Liter

Keine Klarheit besteht über die vertikale Verteilung des Wasserdampfes. Die Messungen im angegebenen Höhenbereich legen die Vermutung nahe, daß das Wasserdampf-Mischungsverhältnis nach unten hin abnimmt.

2.3 Wolken

Venus ist von einer dichten, lückenlosen Wolkenschicht eingehüllt, deren Obergrenze eine Strahlungstemperatur von etwa 240 °K hat, was nach AVDUEVSKY et al., [1970] einer Höhe von etwa 60 - 70 km entspricht.

Völlige Unsicherheit besteht noch über Zusammensetzung, Struktur und optische Eigenschaften der Wolken. Sie bestehen entweder aus vom Boden aufgewirbeltem Staub oder aus kondensierbaren Gasen. Die erste Möglichkeit setzt voraus, daß die Wolkenschicht bis zum Boden reicht, was wegen der fehlenden dynamischen Erklärungsmöglichkeit (siehe 1.) unwahrscheinlich ist. Die andere Möglichkeit - kondensierbares Gas - legt die Annahme von Wasser- oder Eiswolken nahe.

Gegen die Vermutung von Wasser- oder Eiswolken sprechen die spektroskopischen Beobachtungen. Eiswolken haben breite Absorptionsbanden bei 1,5 und 2,0 µ. Sowohl die beobachteten Absorptionsbanden als auch die Wasserdampflinien sind jedoch so schwach, daß man allenfalls auf ein Wasserdampf-Mischungsverhältnis von 10^{-6} g/g schließen kann, was bei den beobachteten Temperaturen nicht zur Kondensation ausreicht.

Es gibt noch einen weiteren Einwand: Wasser- oder Eiswolken müßten durch Konvektionsströme erzeugt werden. Vertikale Aufwärtsbewegungen müssen aus Kontinuitätsgründen durch vertikale Abwärtsbewegungen kompensiert werden, die wiederum für Wolkenauflösung sorgen müßten. Es sind jedoch noch niemals Lücken in der sichtbaren Wolkenschicht beobachtet worden.

Als Ergänzung oder Alternative zum Wasserdampf kämen nach GIERASCH und GOODY [1970] z.B. hydriertes $FeCl_2$, NH_4Cl, $HgCl_2$, HCl in Frage. Nach LEWIS [1968] dissoziieren z.B. die Ammoniumchlorid-Teilchen, wenn sie in tiefere (wärmere) Schichten fallen, in NH_3 und HCl, steigen auf und entstehen wieder von neuem.

2.4 Temperatur und Druck an der Oberfläche

Wenn man die bis etwa 20 km Höhe von Venera 4, 5, 6 gemessenen Temperaturwerte adiabatisch bis zur Oberfläche extrapoliert, so erhält man eine Temperatur von 768 °K und einen Druck von 97 atm [AVDUEVSKY et al., 1970]. Dieser Wert ist in guter Übereinstimmung mit dem ersten an der Venusoberfläche direkt gemessenen: Nach einer "Tass"-Meldung vom 26.1.1971 war Venera 7 am 15.12.1970 weich auf dem Planeten gelandet und hatte eine Temperatur von 748 °K und einen Druck von etwa 90 atm ermittelt. Fast die gleichen Werte wurden von WOOD et al., [1968] aus dem Radiowellen-Emissionsspektrum berechnet.

2.5 Voraussetzungen

In die vorliegende Rechnung gingen die in 2.1 bis 2.4 erwähnten Beobachtungsergebnisse wegen der teilweise vorhandenen Unsicherheiten in etwas modifizierter Form ein:

1. Die Länge des Venustages wurde zu 120 Erdtagen angenommen.
2. Die Ekliptikschiefe wurde vernachlässigt, so daß beide Hemisphären symmetrisch sind und keine Jahreszeiten existieren.
3. Aus dem mittleren Abstand Sonne - Venus und der Solarkonstanten der Erde von $S_E = 2,00$ cal/cm$^2 \cdot$ min ergibt sich die Solarkonstante der Venus zu $S_V = 3,83$ cal/cm$^2 \cdot$ min.
4. Die Schwerebeschleunigung beträgt 877 cm/sec^2.
5. Wegen der zur Zeit der Durchführung der Rechnung noch vorhandenen Unsicherheit im Bodendruck wurde eine 100%ige CO_2-Atmosphäre angenommen - zusätzlich ein Wasserdampfgehalt bis zu 0,5 %. Der Bodendruck wurde zwischen 85 und 115 atm variiert.
6. Die Zusammensetzung der Wolken wurde nicht weiter spezifiziert. Es wurden lediglich verschiedene optische Eigenschaften von perfekter Streuung bis zu vollständiger Absorption im Infraroten berücksichtigt. Die Stärke der Wolkenschicht beträgt im vorliegenden Modell 2 km, die Höhe wurde zwischen 60 und 68 km variiert.
7. Die planetare Albedo wurde zwischen 71 und 77 % variiert.

3. Theorie

Zeitliche Temperaturänderungen in der Atmosphäre werden durch vertikale Strahlungs- und Wärmestromdivergenzen erzeugt:

$$\frac{\partial T}{\partial t} = -\frac{1}{\rho \cdot c_p} \cdot \left[\frac{\partial (F^\uparrow - F^\downarrow)}{\partial z} - \frac{\partial S}{\partial z} + \frac{\partial H}{\partial z} \right] \qquad (1)$$

wobei ρ die Dichte, c_p die spezifische Wärme bei konstantem Druck, $F^\uparrow$ der aufwärtsgerichtete, $F^\downarrow$ der abwärtsgerichtete "langwellige", d.h. thermische Strahlungsstrom der Atmosphäre im Infrarotbereich, S der Sonnenstrahlungsstrom - hier auch "kurzwelliger" Strahlungsstrom genannt - und H den konvektiven und/oder turbulenten Wärmetransport bedeuten.
(1) soll numerisch integriert werden (siehe 5.1).

3.1 Strahlungsströme

3.11 Sonnenstrahlung

Die von außen auf die Atmosphäre einfallende Sonnenstrahlung tritt mit den Gasen sowie festen und flüssigen Partikeln der Atmosphäre in Wechselwirkung, wobei folgende Prozesse zu berücksichtigen sind:

1. Reflexion vom Boden,
2. diffuse Reflexion von Wolkenoberflächen,
3. Streuung an Gasen und Partikeln,
4. Absorption durch Gase und Partikel.

Allein die Absorption bewirkt eine Umwandlung von Strahlungsenergie in Wärmeenergie. Reflexion und Streuung ändern lediglich die Verteilung der Strahlungsenergie im Raum.

Die Intensität I_ν eines monochromatischen Lichtstrahls nach senkrechtem Durchgang durch eine absorbierende Schicht unter Vernachlässigung von Reflexion und Streuung wird durch das Beersche Gesetz gegeben:

$$I_\nu = I_{o\nu} \cdot e^{-k_\nu u},$$

wobei $I_{o\nu}$ die Intensität des einfallenden Lichtstrahls, ν die Wellenzahl, k_ν der Absorptionskoeffizient und u die Weglänge des absorbierenden Gases ist bei Standardtemperatur T_s und Druck p_s (hier: $p_s = 1$ atm, $T_s = 0\,^\circ C$).

$$u = \int \frac{p}{p_s} \cdot \frac{T_s}{T} \, dz. \tag{2}$$

Dabei ist p der Druck und T die Temperatur.

Will man das Beersche Gesetz auf die Absorption der Sonnenstrahlung in der Atmosphäre anwenden, so muß man im allgemeinen Fall schrägen Einfall des Sonnenlichtes sowie die Spektralbereiche berücksichtigen, für die $I_{o\nu}$ und $k_\nu \neq 0$ sind:

$$I = \int I_\nu \, d\nu = \int I_{o\nu} \cdot e^{-k_\nu \hat{u}} d\nu. \tag{3}$$

Dabei bedeutet I die Gesamtintensität. $\hat{u} = u \cdot \sec \zeta$ repräsentiert den tatsächlich zurückgelegten Weg der Sonnenstrahlung durch das absorbierende Gas, wobei ζ die Zenitdistanz des einfallenden Sonnenlichtes ist.

Im Prinzip kann aus (3) bei bekannter Solarkonstante und planetarischer Albedo sowie gegebenem (u, ζ, k_ν) die Absorption der Sonnenstrahlung für jede Schicht der Atmosphäre berechnet werden. Da es sich bei der numerischen Integration von (1) jedoch um die Lösung eines zeitabhängigen Problems handelt, muß die Intensität der Sonnenstrahlung für eine große Zahl von Zeitschritten berechnet werden, was wegen der jedesmal durchzuführenden Integration über das Sonnenspektrum nach (3) sehr zeitraubend wäre.

Daher soll (3) so umgeformt werden, daß die Integration über das Spektrum vor der Zeitintegration erfolgen kann und daher nur einmal durchgeführt werden muß.

Addiert man in (3) die über das Sonnenspektrum integrierte spektrale Strahlungsintensität, also die Solarkonstante $S_o = \int_o^\infty I_{o\nu} \, d\nu$, so erhält man:

$$I = \int_o^\infty I_{o\nu} \, d\nu - \int_o^\infty (I_{o\nu} - I_{o\nu} \cdot e^{-k_\nu \hat{u}}) d\nu = \int_o^\infty I_{o\nu} \, d\nu - \int_o^\infty (1 - e^{-k_\nu \hat{u}}) I_{o\nu} \, d\nu.$$

Ausklammern der Solarkonstante ergibt:

$$I = \left[1 - \frac{\int_0^\infty (1 - e^{-k_\nu \hat{u}}) I_{o\nu} d\nu}{\int_0^\infty I_{o\nu} d\nu}\right] \cdot \int_0^\infty I_{o\nu} d\nu = \left[1 - AS(\hat{u})\right] \cdot S_o \quad (4)$$

mit

$$AS(\hat{u}) = \frac{\int_0^\infty (1 - e^{-k_\nu \hat{u}}) I_{o\nu} d\nu}{\int_0^\infty I_{o\nu} d\nu} \quad , \quad 0 \leq AS \leq 1. \quad (5)$$

Die "solare Absorptionsfunktion" $AS(\hat{u})$ kann für verschiedene Werte von $\hat{u}$ berechnet und durch eine Interpolationsformel approximiert werden, so daß nach jedem Zeitschritt nur eine Interpolation in $\hat{u}$ durchzuführen ist.

3.12 Langwellige Strahlung

Unter "thermischer", "planetarischer", "atmosphärischer" oder "langwelliger" Strahlung soll die Strahlung verstanden werden, die die Oberfläche des Planeten sowie die Atmosphäre emittiert und deren Energie fast ausschließlich im infraroten (IR) Bereich des Spektrums liegt und daher "langwellig" ist - im Gegensatz zur Sonnenstrahlung - deren Energiemaximum im sichtbaren Spektralbereich liegt und die daher "kurzwellig" genannt werden soll.

Für die Berechnung der langwelligen Strahlungsströme ist die Kenntnis von Emission und Absorption der Atmosphäre nötig. Die Streuung an Gasen braucht nicht berücksichtigt zu werden, da die Wellenlänge der Strahlung groß im Vergleich zum Moleküldurchmesser ist.

Betrachtet man den Durchgang eines monochromatischen Lichtstrahls durch eine planparallele Schicht, so wird die Intensitätsänderung dI_ν durch Absorption und Emission der Schicht bestimmt. Da in dieser Arbeit nur die untere Venusatmosphäre bis 80 km Höhe - das entspricht einem Druck von etwa 10 mb - behandelt wird, kann man thermodynamisches Gleichgewicht erwarten [GOODY 1964], so daß das Kirchhoffsche Gesetz angewendet werden kann:

1. Absorption $\quad \alpha_\nu = - a_\nu I_\nu$
2. Emission $\quad \varepsilon_\nu = a_\nu E_\nu \quad$ (Kirchhoffsches Gesetz),

dabei ist a_ν das spektrale Absorptionsvermögen:

$$a_\nu = \frac{\text{absorbierte Energie}}{\text{einfallende Energie}}$$

und E_ν die Intensität der Emission eines schwarzen Körpers nach dem Planckschen Strahlungsgesetz:

$$E_\nu = \frac{c_1 \nu^3}{e^{\frac{c_2 \cdot \nu}{T}} - 1} \quad (6)$$

mit $\quad c_1 = 2hc^2$

$\quad c_2 = \dfrac{h \cdot c}{k}$

$\quad h$ = Plancksches Wirkungsquantum

$\quad c$ = Lichtgeschwindigkeit

$\quad k$ = Boltzmannkonstante

Zusammenfassung von 1. und 2. ergibt

$$dI_\nu = a_\nu E_\nu - a_\nu I_\nu = -a_\nu (I_\nu - E_\nu) \, .$$

Mit $a_\nu = k_\nu \cdot dm$, wobei $dm = du \cdot \sec \zeta$ die Masse des absorbierenden Gases pro Flächeneinheit und k_ν der Absorptionskoeffizient ist, erhält man

$$dI_\nu = - k_\nu (I_\nu - E_\nu) du \cdot \sec \zeta \, . \qquad (7)$$

Betrachtet man die Sonnenstrahlung in der Atmosphäre, so kann man die Schwarzemission E_ν gegenüber der einfallenden Intensität I_ν vernachlässigen, und man erhält nach Integration zwischen den Grenzen $u = 0$ und $u = u$ bei senkrechtem Einfall das Beersche Gesetz.

Um bei der Integration von (7) die Singularität bei $\zeta = \pi/2$ zu vermeiden, spaltet man (7) in zwei Teile, wobei sich der eine Teil auf alle Strahlen bezieht, die eine aufwärtsgerichtete Komponente haben, der andere auf alle, die eine abwärtsgerichtete Komponente haben. Zählt man u positiv nach oben und I_ν jeweils positiv in der Ausbreitungsrichtung, so erhält man die "Strahlungsübertragungsgleichungen" (radiative transfer) oder auch "Schwarzschild-Gleichungen":

$$\dfrac{dI_\nu}{du} = -k_\nu \cdot \sec \zeta \, [I_\nu - E_\nu] \qquad \text{aufwärts}$$

$$\dfrac{dI_\nu}{du} = k_\nu \cdot \sec \zeta \, [I_\nu - E_\nu] \qquad \text{abwärts} \, . \qquad (8)$$

Sowohl die Schichtdicke u als auch die Temperatur T, die die Intensität der Schwarzkörperstrahlung E_ν bestimmt, sind in der Atmosphäre Funktionen der Höhe z. Bei gegebener Vertikalverteilung von T und u ist es nach Elimination von z möglich, den vertikalen Strahlungsstrom durch Integration von (8) entlang des Weges $u(T)$ zu berechnen.

Da die Strahlung in der Atmosphäre diffuser Natur ist, hat man in (8) die Strahlungsintensitäten I_ν, E_ν durch die diffusen Strahlungsströme F_ν, B_ν zu ersetzen. Dabei bedeutet F_ν das Integral der Vertikalkomponente aller Strahlen, die unter den Zenitdistanzen $0 < \zeta < \pi/2$ einfallen oder emittiert werden. Da I_ν und F_ν durch die einfache Beziehung $F_\nu = \pi \cdot I_\nu$ verknüpft sind, hat man in (8) nur I_ν durch F_ν und entsprechend E_ν durch B_ν zu ersetzen.

Die Tatsache, daß diffuse Strahlung bei gleichem u stärker als parallele Strahlung absorbiert wird, kann durch eine erhöhte Schichtdicke $\tilde{u}$ berücksichtigt werden [GOODY 1964]:

$$\tilde{u} = 1{,}66 \cdot u \, .$$

Unter den genannten Voraussetzungen erhält man nach ELSASSER und CULBERTSON [1960] aus (8) für die vertikalen Strahlungsströme in einer planparallelen wolkenlosen Atmosphäre mit nach unten hin zunehmender Schichtdicke $\tilde{u}$ in einer Höhe z folgende Ausdrücke:

$$F^{\downarrow}(z) = \int_{T=0}^{T(z)} R[\tilde{u}(T(z)) - \tilde{u}(T'), T']dT' \tag{9}$$

$$F^{\uparrow}(z) = \sigma T_B^4 + \int_{T_B}^{T(z)} R[\tilde{u}(T') - \tilde{u}(T(z)), T']dT'$$

mit

$$R(\tilde{u}, T) = \int_0^{\infty} (1 - e^{-k_\nu \tilde{u}}) \frac{dB_\nu}{dT} d\nu$$

und

$$\frac{dB_\nu}{dT} = \frac{\pi \cdot c_1 \cdot T^2}{c_2^3} \cdot \frac{y^4 e^y}{(e^y - 1)^2} , \tag{10}$$

wobei

$$y = \frac{c_2 \cdot \nu}{T} .$$

T_B ist die Temperatur des Bodens, σ die Stefan-Boltzmann-Konstante und T' die Integrationsvariable. Es wird angenommen, daß $T = 0$ den Außenrand der Atmosphäre darstellt und der Boden "schwarz" emittiert.

In Analogie zu 3.11 wird eine normierte Absorptionsfunktion AF eingeführt:

$$AF(\tilde{u}, T) = \frac{\int_0^{\infty} (1 - e^{-k_\nu \tilde{u}}) \frac{dB_\nu}{dT} d\nu}{\int_0^{\infty} \frac{dB_\nu}{dT} d\nu} = \frac{R(\tilde{u}, T)}{\int_0^{\infty} \frac{dB_\nu}{dT} d\nu} . \tag{11}$$

Somit wird aus (9)

$$F^{\downarrow}(z) = 4\sigma \int_{T=0}^{T(z)} AF[\tilde{u}(T(z)) - \tilde{u}(T'), T'] \cdot T'^3 dT' \tag{12}$$

$$F^{\uparrow}(z) = \sigma T_B^4 + 4\sigma \int_{T_B}^{T(z)} AF[\tilde{u}(T') - \tilde{u}(T(z)), T'] \cdot T'^3 dT' . \tag{13}$$

Da das Temperaturprofil der Modellatmosphäre nicht bis zum absoluten Nullpunkt reicht, wird in (12) die Integration aufgespalten. Damit wird aus (12):

$$F^{\downarrow}(z) = 4\sigma \int_{T(z_N)}^{T(z)} AF[\tilde{u}(T(z)) - \tilde{u}(T'), T'] \cdot T'^3 dT$$

$$+ 4\sigma \int_0^{T(z_N)} AF[\tilde{u}(T(z)) - \tilde{u}(T'), T'] \cdot T'^3 dT \tag{14}$$

z_N ist die Höhe der Modellatmosphäre.

Der zweite Summand in (14) läßt sich in folgender Weise umformen:

$$4\sigma \int_0^{T(z_N)} AF[\tilde{u}(T(z)) - \tilde{u}(T'), T'] \cdot T'^3 dT' = $$

$$AF^*[\tilde{u}(T(z)) - \tilde{u}(T(z_N)), T(z_N)] ,$$

wobei

$$AF^*(\tilde{u}, T) = \frac{4}{T^4} \int_0^T AF(\tilde{u}, T') \cdot T'^3 dT' . \tag{15}$$

3.2 Wärmetransport

Der vertikale Transport von fühlbarer Wärme kann folgendermaßen geschrieben werden:

$$H = -c_p \cdot \rho \cdot K \cdot \frac{\partial \Theta}{\partial z} = -c_p \cdot \rho \cdot K \cdot \frac{\Theta}{T} \cdot (\frac{\partial T}{\partial z} + \Gamma) , \tag{16}$$

wobei $\Theta = T(p_B/p)^\varkappa$ die potentielle Temperatur und $\Gamma = g/c_p$ der adiabatische Temperaturgradient sind. Außerdem ist p_B der Bodendruck, p der Druck im betrachteten Niveau der Atmosphäre, $\varkappa = R_c/c_p$ die Poisson-Konstante, R_c die Gaskonstante der Atmosphäre, c_p die spezifische Wärme bei konstantem Druck, ρ die Dichte, g die Schwerebeschleunigung und K der Scheindiffusionskoeffizient oder "turbulente" Diffusionskoeffizient, was bedeuten soll, daß die "Diffusion" (16) turbulenter Natur ist.

4. Absorptionsfunktionen

4.1 Absorptionsspektren von Kohlendioxid und Wasserdampf

CO_2 und H_2O (hier für Wasserdampf) besitzen eine Reihe von Absorptionsbanden im nahen IR, die sowohl für die Sonnenstrahlung als auch für die langwellige Strahlung der unteren Venusatmosphäre von Bedeutung sind. Außer den beiden kräftigen Banden bei 2,75 und 4,27 μ besitzt CO_2 noch schwächere bei 1,14 ; 1,60 und 2,04 μ .

Die Wasserdampfbanden liegen bei 0,72 ; 0,81 ; 0,94 ; 1,13 ; 1,40 ; 1,87 und 2,68 μ . Außerdem existieren einige sehr schwache Banden am roten Ende des sichtbaren Spektrums.

Für die langwellige Strahlung der Atmosphäre kommen vor allem die 6,3 μ -Wasserdampfbande, die 15 μ -CO_2-Bande und - besonders für die höheren (kälteren) Schichten wegen der Verschiebung des Energiemaximums nach größeren Wellenlängen - die Rotationsbande des Wasserdampfs oberhalb 20 μ in Frage. Die 9,6 μ -Ozonbande, die in der Erdatmosphäre eine wesentliche Rolle spielt, braucht wegen des wahrscheinlich äußerst geringen Ozongehaltes der Venusatmosphäre nicht berücksichtigt zu werden.

Wegen der großen Gesamtweglänge der Venusatmosphäre von annähernd 10^8 cm CO_2 bei Standardbedingungen und der großen Drucke in den unteren Schichten sind für den Strahlungshaushalt nicht allein die obengenannten Banden, sondern auch alle schwächeren Banden und selbst die "Fenster" zwischen den einzelnen Banden von Bedeutung.

4.2 Absorptionsmodelle

Die Absorptionsbanden von mehratomigen Gasen wie CO_2 und H_2O bestehen aus hunderten von Einzellinien, deren exakte Berechnung selbst mit Computern großer Kapazität sehr zeitraubend wäre.

Für die Behandlung atmosphärischer Strahlungsprobleme ist es auch nicht nötig, die komplizierte Linienstruktur der Banden zu kennen, so daß man in den meisten Fällen auf folgendem Weg zum Ziel kommen kann:

1. Glättung durch Ausmessung des Spektrums mit Spektrographen großer Spaltweite. Auf diese Weise erhält man eine mittlere Absorption für einzelne Spektralintervalle, Absorptionsbanden oder auch mehrere Absorptionsbanden.

2. Untersuchung des Einflusses von
   a) Weglänge des absorbierenden Gases,
   b) Druck,
   c) Temperatur,   auf die Absorption

und entweder

3. a) Ermittlung von <u>empirischen Ausdrücken</u> für die Absorption einzelner Banden in Abhängigkeit von Druck, Temperatur und Weglänge

oder

   b) Aufstellung von <u>theoretischen Modellen</u>, die durch Angabe weniger numerischer Parameter die Absorption einzelner Banden zu berechnen gestatten.

Von allen theoretischen Absorptionsmodellen haben zwei allgemeine Anwendung gefunden - das "ELSASSER-" und das "GOODY-Modell".

4.21 ELSASSER - Modell

Das Elsasser-Modell [ELSASSER 1942] setzt voraus, daß die betreffende Absorptionsbande aus einer Vielzahl einzelner Linien von Lorentz-Gestalt besteht, die gleiche Halbwertsbreite, gleiche Intensität und gleichen Abstand voneinander haben. Dieses Modell ist besonders geeignet für die Darstellung des CO_2-Spektrums, das sehr regelmäßig aufgebaut ist. Für die Absorption einer einzelnen Bande ergibt sich:

$$A = \text{erf}\left[\frac{\sqrt{\pi \cdot u \cdot k \cdot \alpha}}{\delta}\right] = \text{erf}\left[\sqrt{\tfrac{1}{2} L \cdot u}\right] \tag{17}$$

mit

$$\text{erf}(x) = \frac{2}{\sqrt{\pi}} \int_0^x e^{-s^2} ds \; ,$$

wobei $L = 2\pi \cdot k \cdot \alpha/\delta$ auch als verallgemeinerter Absorptionskoeffizient dieser Bande aufgefaßt werden kann und sich empirisch aus spektralen Absorptionsmessungen ergibt. u ist die Weglänge, k die Intensität der Linien, α die Halbwertsbreite und δ der Abstand zwischen den einzelnen Linien.

Das komplizierte Wasserdampfspektrum wird besser approximiert durch ein Modell mit statistisch angenommener Linienverteilung und -intensität:

4.22 GOODY-Modell

Dieses Modell [GOODY 1964] setzt voraus, daß Position und Intensität der Absorptionslinien einer bestimmten Bande allein durch Wahrscheinlichkeitsfunktionen ausgedrückt werden können. Es soll keine Korrelation zwischen den Positionen der verschiedenen Linien bestehen.

Bei konstantem Druck, Weglänge u, mittlerer Linienintensität k und Lorentz-Gestalt der Linien mit Halbwertsbreite α erhält man die mittlere Absorption A eines Spektralintervalles

$$A = 1 - \exp\left[-\frac{k \cdot u}{\delta} \cdot (1 + \frac{k \cdot u}{\pi \alpha})^{-1/2}\right] \qquad (18)$$

als Funktion zweier Parameter k/δ und $k/\pi\alpha$, die aus Messungen oder theoretisch für einzelne Spektralbereiche gewonnen werden können.

Eine Doppler-Korrektur der Linien braucht nicht angebracht zu werden, da die in dieser Arbeit auftretenden geringsten Drucke 1 mb nicht unterschreiten [GOODY 1964].

4.3 Auswertung der Absorptionsdaten

Für die Berechnung des Strahlungshaushalts der Venusatmosphäre benötigt man möglichst lückenlose Absorptionswerte für CO_2 und Wasserdampf über das gesamte IR-Spektrum (siehe 4.1). Da geeignete Messungen nicht vorliegen, wurden Transmissionsberechnungen des CO_2- und H_2O-Spektrums verwendet, die über einen Wellenzahlbereich von 500 - 10 000 cm^{-1} (1 - 20μ) für einen weiten Druck- und Weglängenbereich von WYATT et al., [1962], STULL et al. [1963] und PLASS, STULL [1962] durchgeführt und in handlicher Form tabelliert worden sind.

Die Autoren unterzogen das H_2O- und CO_2-Molekül einer Vibrations- und Rotationsanalyse und berechneten das IR-Spektrum für beide Gase aus den Übergängen zwischen den Energieniveaus der Vibration und Rotation. Das so erhaltene Absorptionsspektrum wurde durch eine Abwandlung des statistischen Goody-Modells (4.22) approximiert. Dieses "quasi-statistische Modell" [WYATT et al., 1962] berücksichtigt die Tatsache, daß das Spektrum eines mehratomigen Gases weder so regulär ist, wie es das Elsasser-Modell (4.21) vorsieht, noch so irregulär, wie im Goody-Modell vorausgesetzt. Im Spektrum eines Moleküls enthält ein bestimmtes Intervall eine kleinere Zahl von stärkeren Linien, die weder regulär noch zufällig verteilt sind. Das wesentliche am quasi-statistischen Modell ist, daß diese Linien nicht mehr zufällig im gesamten betrachteten Spektralintervall verteilt sind. Das Gesamtintervall wird in eine Zahl von Unterintervallen aufgeteilt, die eine oder auch mehrere Linien in statistischer Verteilung enthalten.

Nach diesem Modell berechneten die Autoren mittlere Transmissionswerte für Intervalle von 20, 50 und 100 cm^{-1} im Spektralbereich von 500 - 10 000 cm^{-1} für Temperaturen von 200, 250 und 300 °K, Drucke von 0,01 bis 31 atm, CO_2-Weglängen von 0,2 bis $2,37 \cdot 10^7$ cm und H_2O-Weglängen von 10^{-3} bis 50 g/cm^2, wobei üblicherweise - auch in den folgenden Abschnitten - die H_2O-Weglängen in g/cm^2 Niederschlagswasser angegeben werden.

4.3

4.31 Wellenlängenbereich 1 - 20 µ

In der vorliegenden Arbeit wurden Transmissionsdaten für folgende Größen benutzt:

Tabelle 2

Bereiche für Transmissionsdaten nach WYATT et al. [1962]

Gas	Gesamt-intervall	Intervall-länge [cm^{-1}]	Temperatur [°K]	Druck [atm]	Weglänge in cm (CO_2) und g/cm^2 (H_2O)
CO_2	1-20µ	100	300	0,01	10
				0,1	10^2
				1,0	10^3
				10,0	10^4
				31,0	10^5
					10^6
					2,37 · 10^7
H_2O	1-10µ	100	300	0,01	0,001
				0,1	0,005
				0,5	0,01
				1,0	0,05
					...
					...
					50,0

Ein Vergleich der berechneten Transmissionsdaten mit Labormessungen zeigte gute Übereinstimmung [WYATT et al., 1962].

4.32 0,94 µ -Wasserdampfbande

Diese Bande ist relativ schwach, aber dennoch für die Absorption der Sonnenstrahlung in der Venusatmosphäre nicht vernachlässigbar, wie noch gezeigt wird. Für die langwellige Strahlung der Atmosphäre und des Bodens ist sie ohne Bedeutung, da die Energie der thermischen Strahlung in diesem Bereich selbst für Oberflächentemperaturen von 800 °K verschwindend gering ist.

Die 0,94 µ -Bande wurde berechnet nach Messungen von HOWARD et al. [1956]. Die Autoren führten Absorptionsmessungen mit großer Spaltweite für CO_2 und Wasserdampf für eine Reihe von Banden im nahen IR durch und approximierten die mittlere Absorption jeder Bande unter Berücksichtigung von Weglänge und Druck durch empirische Ausdrücke, wobei sie unterschieden zwischen schwacher und starker Absorption A (siehe auch 4.2, 3a) :

$$A = \int_{\Delta v} A_v \, dv = c \cdot \sqrt{u} \cdot (P+e)^k \qquad \text{schwach} \qquad (19a)$$

$$A = \int_{\Delta v} A_v \, dv = C + D \cdot {}^{10}\!\log u + K \cdot {}^{10}\!\log(P+e) \qquad \text{stark} \qquad (19b)$$

c, k, C, D, K sind empirische Konstanten, u ist die H_2O-Weglänge in g/cm^2, e der Partialdruck des absorbierenden Gases und P der Gesamtdruck, beide in mm Hg. Der Ausdruck (19a) setzt voraus, daß die Absorption vorwiegend im Zentrum der Absorptionslinien erfolgt, wobei ein Wurzelgesetz $A \sim \sqrt{u}$ gültig ist. Bei sehr schwacher Absorption kann sogar ein lineares Gesetz angenommen werden, was in dieser Arbeit jedoch nicht berücksichtigt zu werden braucht.

Der Ausdruck (19b) nimmt eine stärkere Überlappung der einzelnen Linien an, wobei die Absorption hauptsächlich in den Flügeln der Linien erfolgt.

Für die $0,94\mu$-Bande geben die Autoren nur die Konstanten für schwache Absorption an, jedoch hat ROACH [1961] zusätzlich auch Konstanten für den Fall starker Absorption ermittelt:

Tabelle 3

Empirische Konstanten für $0,94\,\mu$-Wasserdampfbande

Bande	Bereich	c	k	C	K	D
$0,94\,\mu$- H_2O	10 100 bis 11 500 cm^{-1}	38	0,27	-135	230	125

Die Grenze zwischen schwacher und starker Absorption liegt bei $\int A_v \, dv = 200$.

Einen Vergleich zwischen der nach HOWARD et al. berechneten Absorption und der nach dem theoretischen Goody-Modell zeigt Abb. 1 am Beispiel der $6,3\,\mu$-Wasserdampfbande. Die Grenze zwischen (19a) und (19b) liegt hier etwa bei einer Weglänge von $10^{-3}\,g/cm^2$. Größere Unterschiede zwischen beiden Modellen treten nur bei sehr starker Absorption auf.

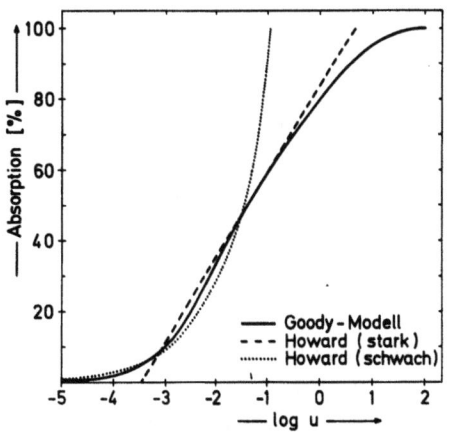

Abb. 1: Absorption der $6,3\,\mu$-Wasserdampfbande nach verschiedenen Absorptionsmodellen (Weglänge u in g/cm^2)

4.33 Wasserdampf - Rotationsbande

Für die H_2O-Rotationsbande oberhalb $10\,\mu$ existieren unveröffentlichte Berechnungen des Absorptionsspektrums von BENEDICT, nach denen GOODY [1964] für Intervalle von 20 cm^{-1} spektrale Intensitäten angab, woraus RODGERS und WALSHAW [1965] Modellparameter für das Goody-Modell (4.22) berechneten:

Tabelle 4

Modellparameter für Wasserdampf-Rotationsbande

Intervall [cm^{-1}]	k/δ [cm^2/g]	$\pi\alpha/\delta$
0 - 40	579,75	0,093
40 - 160	7210,3	0,182
160 - 280	6024,8	0,094
280 - 380	1614,1	0,081
380 - 500	139,03	0,080
500 - 600	21,64	0,068
600 - 720	2,919	0,060
720 - 800	0,3856	0,059
800 - 900	0,0715	0,067
900 - 1000	0,0209	0,051

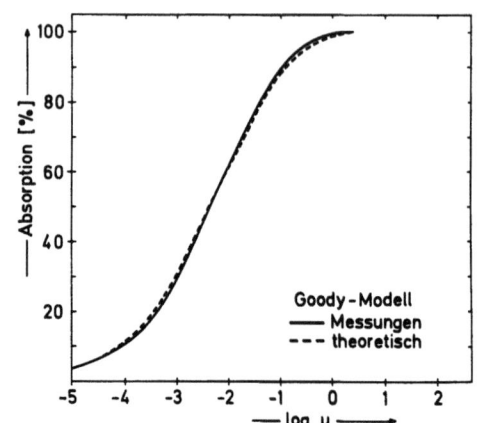

Abb. 2: Absorption der Wasserdampf-Rotationsbande (Weglänge u in g/cm^2)

Mit einer einfachen Umformung von (18) und den oben aufgeführten Parametern k/δ und $\pi\alpha/\delta$ kann die Totalabsorption im Intervall 0 - 1000 cm^{-1} berechnet werden. Für den für die Erdatmosphäre wichtigsten Bereich zwischen 200 und 500 cm^{-1} hat PALMER [1960] Messungen der spektralen Absorption in Intervallen von 50 cm^{-1} durchgeführt.

Einen Vergleich dieser Messungen im Intervall 200 - 500 cm^{-1} mit den oben erwähnten Berechnungen von BENEDICT im Intervall 160 - 500 cm^{-1} zeigt Abb. 2. Beide Kurven wurden mit Hilfe des Goody-Modells berechnet.

4.4 Berechnung der Absorptionsfunktionen

4.41 Solare Absorptionsfunktionen

Zur Berechnung von (5) ist die Kenntnis sowohl der spektralen Transmission $\tau_\nu = e^{-k_\nu u}$ als auch der spektralen Intensität $I_{o\nu}$ der am Außenrand der Atmosphäre einfallenden Sonnenstrahlung notwendig. Dazu wird der betrachtete Spektralbereich von 1000 - 10 000 cm^{-1} in 100 cm^{-1}-Intervalle aufgeteilt und jedem Intervall ein Transmissionswert τ nach 4.31 für verschiedene Drucke und Weglängen (Tabelle 2) zugeordnet sowie ein spektraler Intensitätswert $I_{o\nu}$ unter der Annahme einer mit 6000 °K "schwarz" emittierenden Sonne nach der Planckschen Strahlungsformel (6) berechnet.

Im nahen Infrarot, in dem die Hauptabsorptionsbanden von CO_2 und H_2O für die Sonnenstrahlung liegen, kann das beobachtete Sonnenspektrum sehr gut durch eine 6000 °K-Temperaturstrahlung approximiert werden. Die effektive Temperatur der Sonne von 5750 °K würde im nahen Infrarot zu einer Unterschätzung der tatsächlich beobachteten Sonnenenergie führen.

Der Fehler, der durch die Wahl der 100 cm^{-1}-Intervallänge gemacht wird, kann für das hier behandelte Problem vernachlässigt werden, da die Planck-Funktion für 6000 °K zwischen 1000 und 10 000 cm^{-1} (1 - 10 µ) einen praktisch linearen Verlauf hat.

Die solare Absorptionsfunktion (5) wurde in folgender Summenform berechnet:

$$AS(u) = \frac{\sum_i [1 - \tau_i(u)] \cdot I_{oi} \cdot \Delta\nu_i}{\sum_i I_{oi} \cdot \Delta\nu_i} \quad . \tag{20}$$

Dabei braucht im Zähler nur über den Bereich summiert zu werden, für den $\tau_i \neq 1$ ist. Die Solarkonstante für die Venus $S_V \equiv \sum_i I_{oi} \Delta\nu_i$ ergibt sich aus der Solarkonstanten für die Erde S_E und dem mittleren Abstand Sonne - Venus R_V:

$$S_V = S_E / R_V^2 = 3,826 \text{ cal} \cdot \text{cm}^{-2} \cdot \text{min}^{-1}$$

für $\qquad S_E = 2,00 \text{ cal} \cdot \text{cm}^{-2} \cdot \text{min}^{-1} \qquad$ und $\qquad R_V = 0,723 \text{ AE}$.

Abb. 3 zeigt den Verlauf der solaren Absorptionsfunktion (5), (20) für CO_2 und Wasserdampf mit und ohne $0,94\,\mu$-Wasserdampfbande. Es zeigt sich deutlich, daß die $0,94\,\mu$-Bande für die solare Absorptionsfunktion besonders bei großen Weglängen nicht vernachlässigt werden darf.

Es existieren eine Reihe von schwächeren CO_2-Banden im sichtbaren Spektralbereich, die bei höheren Drucken und sehr großen Weglängen eine Erhöhung der Absorptionsfunktion verursachen können. Da jedoch die solare Absorptionsfunktion nur bis zu Weglängen von 10^6 cm bzw. 50 g/cm^2 berechnet werden konnte, wurde auf die Berücksichtigung dieser schwachen Banden verzichtet.

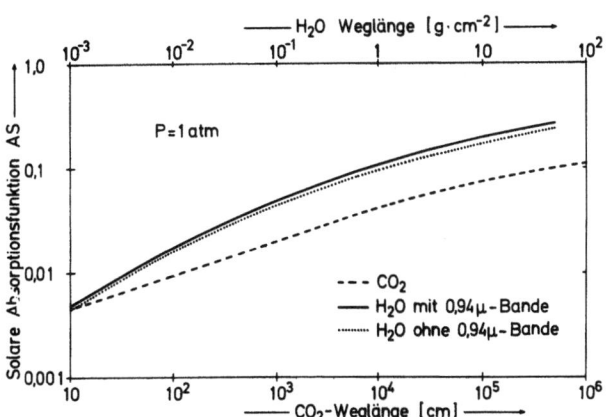

Abb. 3: Solare Absorptionsfunktion für Kohlendioxid und Wasserdampf

4.42 Langwellige Absorptionsfunktionen

Ähnlich wie die solare Absorptionsfunktion (20) können auch die langwelligen (11), (15) in Summenform dargestellt werden:

$$AF(u,T) = \frac{\sum_i [1 - \tau_i(u)] \cdot \left(\frac{dB}{dT}\right)_i \cdot \Delta\nu_i}{\sum_i \left(\frac{dB}{dT}\right)_i \cdot \Delta\nu_i} \tag{21}$$

$$AF^*(u,T) = \frac{4}{T^4} \cdot \sum_i AF(u,T_i) \cdot T_i^3 \cdot \Delta T_i \quad ; \quad 0 \leq T_i \leq T. \tag{22}$$

Der Bereich $1 - 20\,\mu$ wird, wie in 4.41 beschrieben, in 100 cm^{-1}-Intervalle aufgeteilt, während die H_2O-Rotationsbande oberhalb $10\,\mu$ durch die Intervalleinteilung der Tabelle 4 festgelegt ist. Die $0,94\,\mu$-Wasserdampfbande ist ohne Bedeutung und wurde nicht berücksichtigt (4.32).

Oberhalb $20\,\mu$ konnten für CO_2 keine geeigneten Absorptionsmessungen oder -berechnungen gefunden werden. Aus diesem Grund wurden zunächst zwei Extremfälle betrachtet:

1. keine Absorption oberhalb $20\,\mu$;
2. vollständige Absorption oberhalb $20\,\mu$.

Die Differenz in der Absorptionsfunktion zwischen 1. und 2. beträgt für $T = 300\,°K$ etwa 0,2.

In der Mitte etwa liegt folgender Fall:

3. Die langwellige Absorptionsfunktion unterhalb $20\,\mu$ ändert sich nicht durch Ausdehnung auf den Bereich oberhalb $20\,\mu$, d.h. die Summation im Nenner von (21) wird bei $20\,\mu$ abgebrochen.

Für Weglängen oberhalb 10^4 cm wurde Fall 3. angenommen, während unterhalb ein Mittelwert von 1. und 3. gebildet wurde.

Den Verlauf der unter diesen Voraussetzungen berechneten Absorptionsfunktion (11), (21) zeigt Abb. 4 für CO_2 und Wasserdampf getrennt und Temperaturen von 200 und $300\,°K$. Der Temperatureinfluß resultiert aus der Temperaturabhängigkeit der Planck-Funktion (10) und ist besonders deutlich bei tiefen Temperaturen (Abb. 5).

Bei der H_2O-Absorptionsfunktion für $u = 1,0$ g/cm^2 zeigt sich die Temperaturabhängigkeit vor allem am starken Anstieg der Absorptionsfunktion bei tiefen Temperaturen, der durch die Verschiebung des Energiemaximums gemäß der Planck-Funktion in den Bereich der Wasserdampf-Rotationsbande zustande kommt. Weiter sind das $10\,\mu$-"Wasserdampffenster" bei Temperaturen von etwa $280\,°K$ und die $6,3\,\mu$-Wasserdampfbande aufgrund der Zunahme der Absorptionsfunktion bei höheren Temperaturen zu erkennen.

CO_2 bewirkt vor allem eine Erhöhung der Absorptionsfunktion im 200 bis $300\,°K$-Temperaturbereich durch die $15\,\mu$-Bande, aber auch durch die Banden im nahen Infrarot, die bei höheren Temperaturen an Bedeutung gewinnen, während bei tiefen Temperaturen die Wasserdampf-Rotationsbande eindeutig dominiert.

In der vorliegenden Arbeit wurde lediglich der Temperatureinfluß unterhalb $300\,°K$ berücksichtigt. Die Absorptionsfunktion für $T \geq 300\,°K$ wurde durch die $300\,°K$-Absorptionsfunktion ersetzt. Diese Vereinfachung scheint gerechtfertigt, da

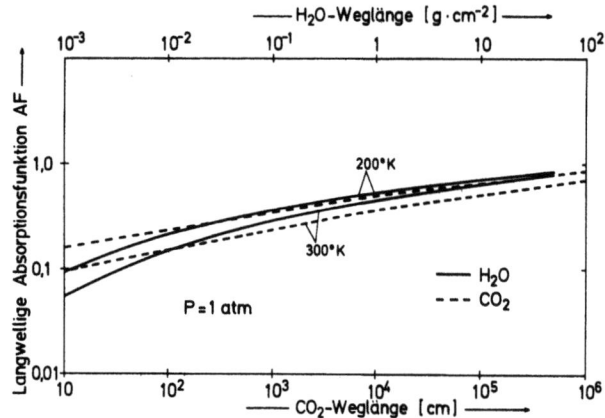

Abb. 4: Langwellige Absorptionsfunktion für Kohlendioxid und Wasserdampf bei verschiedenen Temperaturen

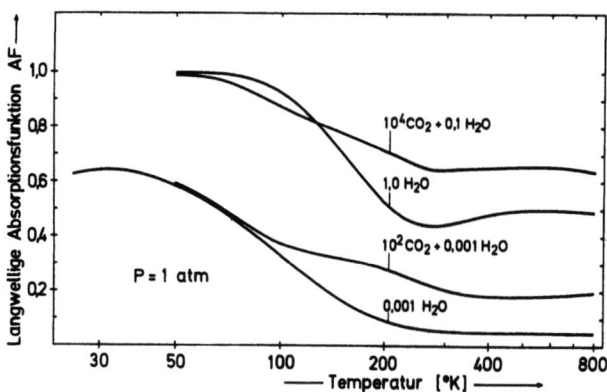

Abb. 5: Langwellige Absorptionsfunktion in Abhängigkeit von der Temperatur (CO_2-Weglänge in cm, H_2O-Weglänge in g/cm^2)

1. der Temperatureinfluß für hohe Temperaturen gering ist,
2. die langwelligen Strahlungsvorgänge in der unteren Atmosphäre (hohe Temperaturen) keine große Rolle spielen.

Abb. 6 zeigt die langwellige Absorptionsfunktion AF* (15), (22) für CO_2 und H_2O und Temperaturen von 200 und 300 °K. Der Temperatureffekt ist hier ebenfalls zu erkennen und wurde unterhalb 300 °K berücksichtigt. Der Bereich oberhalb 300 °K brauchte nicht berücksichtigt zu werden, da die Temperatur am oberen Rand der Modellatmosphäre in keinem Fall den Wert von 300 °K überschritt.

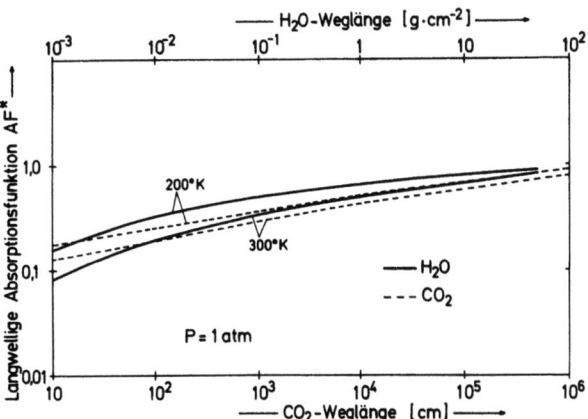

Abb. 6: Über die Temperatur integrierte langwellige Absorptionsfunktionen für verschiedene Integrationsgrenzen

4.5 Temperatur- und Druckkorrektur

Die Temperatur geht auf zweierlei Weise in die Absorptionsfunktionen ein: Zum ersten durch die Änderung der Planck-Funktion mit der Temperatur (siehe 4.42) und zum zweiten durch die Abhängigkeit des Absorptionskoeffizienten von der Temperatur. Die zweite Abhängigkeit variiert von Bande zu Bande, ist ausgeprägt für schwache Linien und kaum bemerkbar für starke, so daß eine generelle Temperaturkorrektur über den Gesamtbereich des IR-Spektrums schwierig ist.

ELSASSER und CULBERTSON [1960] berechneten gemittelte Transmissionen für mehrere Absorptionsbanden im IR unter der Annahme einer T_s/T-Korrektur der Linienhalbwertsbreite (T_s = Standardtemperatur), da nach der kinetischen Gastheorie die Zahl der Zusammenstöße in einem Gas proportional p/T ist.

Durch Vergleich von Rechnung und Messung für aktuelle atmosphärische Profile konnte SASAMORI [1968] zeigen, daß die Temperaturkorrektur von ELSASSER und CULBERTSON zu Fehlern führt und daß man der Wirklichkeit näher kommt, wenn man die Temperaturkorrektur nicht durchführt.

Ein genaueres, allerdings auch aufwendigeres Verfahren haben RODGERS und WALSHAW [1966] für die Erdatmosphäre benutzt. Wegen des größeren Fehlerspielraums der vorliegenden Arbeit wurde jedoch auf eine Temperaturkorrektur des Absorptionskoeffizienten völlig verzichtet.

Im Gegensatz zur Temperatur ist der Einfluß des Druckes auf die Absorption recht einheitlich und gut bekannt. Er äußert sich vor allem in einer Verbreiterung der Absorptionslinien mit zunehmendem Druck, was auf die Stöße der absorbierenden Moleküle mit gleichfalls absorbierenden Molekülen oder auch beigemischten optisch inaktiven Fremdmolekülen zurückzuführen ist.

Da der Absorptionskoeffzient der Linien-Halbwertsbreite proportional ist, die Transmission wiederum vom Produkt des Absorptionskoeffizienten und der Weglänge abhängt, ist es gleichgültig, ob man die Druckkorrektur an der Halbwertsbreite oder an der Weglänge anbringt. Im allgemeinen wird die Weglänge u in folgender Weise korrigiert:

$$u^* = u \cdot p/p_s ,$$

wobei p der Druck und p_s ein Standarddruck ist.

In der vorliegenden Arbeit wurde die Druckkorrektur in folgender Weise modifiziert:

$$u^* = u \cdot (p/p_s)^x, \qquad (23)$$

wobei x empirisch bestimmt wurde.

$$x = \frac{\log(u^*/u)}{\log(p/p_s)} . \qquad (24)$$

Damit wird aus (2):

$$u^* = \int (p/p_s)^{1+x} \cdot \frac{T_s}{T} \, dz . \qquad (25)$$

Abb. 7 zeigt an einem Beispiel, daß die Absorptionsfunktionen für verschiedene Drucke parallel laufen, so daß sich x aus der Parallelverschiebung entlang der log u-Koordinate ergibt.

Der Druckkorrektur-Parameter x ist abhängig vom absorbierenden Gas, vom Druck und der Wellenlänge der Strahlung (Tabelle 5).

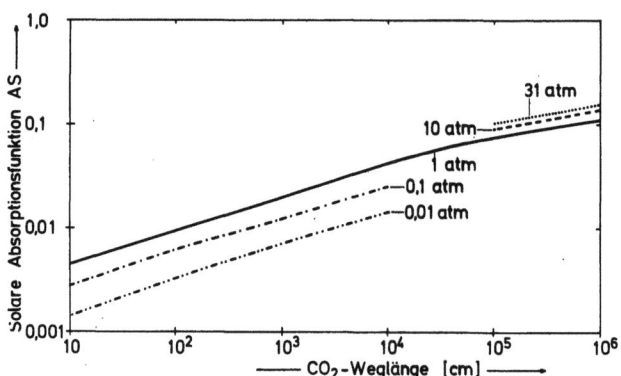

Abb. 7: Solare CO_2-Absorptionsfunktion für verschiedene Drucke

Tabelle 5

Druckkorrektur-Parameter

Gas	Druckbereich [atm]	x [solar]	x [langwellig]
CO_2	0,01 - 1,0 > 1,0	0,70 0,63	0,78
H_2O	0,01 - 1,0	0,73	0,86
$CO_2 + H_2O$	0,01 - 1,0 > 1,0	0,70 0,65	0,80

4.6 Absorption von Gasgemischen

CO_2 und Wasserdampf besitzen eine Reihe von sich überlappenden Absorptionsbanden, wie z.B. die H_2O- und CO_2-Bande bei 2,7 µ.

Betrachtet man zwei Gase, deren Moleküle nicht in Wechselwirkung stehen, so ergibt sich die Transmission τ_{12} des Gemisches für monochromatische Strahlung durch Multiplikation der Transmissionen τ_1, τ_2 der einzelnen Gase:

$$\tau_{12} = \tau_1 \cdot \tau_2 . \qquad (26)$$

Für die mittlere Transmission von Spektralintervallen gilt (26) nicht mehr korrekt, jedoch haben HOWARD et al. [1956] gezeigt, daß auch für diesen Fall das Multiplikationsgesetz mit guter Näherung (± 2 %) angewendet werden kann. Größere Abweichungen von (26) scheinen nur für starke Absorption (hohe Drucke, große Weglängen) aufzutreten.

Mit (26) ist es möglich, CO_2-Absorptionsfunktionen mit verschiedenen Wasserdampfbeimengungen zu berechnen. Man hat nur in (20), (21), (22) die Transmission τ_i durch die Produkte $\tau_i(H_2O) \cdot \tau_i(CO_2)$ zu ersetzen, wobei man den Gesamtdruck konstant halten muß. Abb. 8 zeigt als Beispiel die solare CO_2-Absorptionsfunktion (20) mit verschiedenen H_2O-Anteilen.

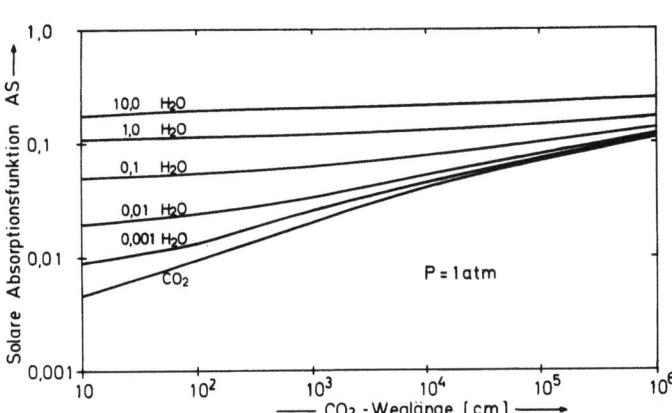

Abb. 8: Solare CO_2-Absorptionsfunktion mit verschiedenen Wasserdampfanteilen in g/cm^2

4.7 Interpolations- und Extrapolationsverfahren

Während der numerischen Integration von (1) müssen die Strahlungsströme für eine Vielzahl von Kombinationen der vier unabhängigen Variablen Druck, Temperatur, CO_2- und H_2O-Weglänge berechnet werden. Da die Absorptionsfunktionen nur punktweise bekannt sind, muß nach geeigneten, d.h. hinreichend genauen, aber nicht allzu zeitraubenden Interpolationsverfahren gesucht werden.

Die in den Abbildungen 3, 4 und 6 dargestellten Absorptionsfunktionen zeigen im doppelt-logarithmischen Maßstab einen fast linearen Verlauf, so daß es gerechtfertigt erscheint, die Kurve stückweise durch eine Interpolation 1. Ordnung in diesem Maßstab zu approximieren.

Stellt man bei konstantem Druck und konstanter Temperatur die Absorptionsfunktion als Funktion der Weglänge u in folgender Form dar

$$A = e^{-f(u)} \qquad (27)$$

und damit

$$f(u) = -\log A ,$$

so wird für ein beliebiges u f(u) berechenbar

$$f(u) = f(a) + \frac{\partial f(a)}{\partial u}(u - a) ,$$

wenn der Funktionswert und dessen 1. Ableitung an der Stelle a bekannt sind.

Näherungsweise erhält man die Funktion f(u) für logarithmische Intervalle:

$$f(u) = f(u_i) + \left[\frac{f(u_{i+1}) - f(u_i)}{\log u_{i+1} - \log u_i}\right] \cdot (\log u - \log u_i) . \qquad (28)$$

Nach (27) ist somit die Absorptionsfunktion für jedes u berechenbar.

Da die Absorptionsfunktionen nur bis 10^6 cm für CO_2 und 50 g/cm^2 für H_2O bekannt sind (siehe Abb. 3 und 4), im Verlauf der Rechnung jedoch druckkorrigierte Weglängen (25) bis zu 10^{10} cm bzw. 10^4 g/cm^2 vorkommen, muß man für diese Bereiche eine Extrapolation durchführen.

Die langwelligen Absorptionsfunktionen sind bis nahe 1 bekannt (Abb. 4 und 6), so daß eine Extrapolation nur über einen kleinen Weglängenbereich durchgeführt werden muß. Die solaren Absorptionsfunktionen (Abb. 3) müssen jedoch über den vollen Weglängenbereich von 10^6 bis 10^{10} cm für CO_2 extrapoliert werden. Es gibt keinen Anhaltspunkt darüber, wie der Verlauf der Kurven für große Weglängen sein wird, da man nicht weiß, wie Drucke bis zu 100 atm und entsprechende Weglängen die Absorption der sichtbaren Sonnenstrahlung beeinflussen.

Nimmt man an, daß keine Absorption von sichtbarer Sonnenstrahlung stattfindet, so müßte die solare Absorptionsfunktion gegen einen Grenzwert gehen, der vom Anteil des sichtbaren Bereichs am Sonnenspektrum abhängt.

In dieser Arbeit wurde vorausgesetzt, daß eine Absorption im Sichtbaren stattfindet, der Zuwachs der Absorptionsfunktion jedoch für große Weglängen abnimmt, was durch eine lineare Extrapolation im einfach-logarithmischen Maßstab dargestellt werden kann. Die langwellige Absorptionsfunktion wurde im doppelt-logarithmischen Maßstab nach (27), (28) extrapoliert (Abb. 9).

Neben der Weglänge muß auch der Einfluß der Temperatur für die langwellige Absorptionsfunktion sowie eine beliebige $CO_2 + H_2O$-Mischung berücksichtigt werden.

Da eine zwei- bzw. dreidimensionale Interpolation jedoch sehr zeitraubend wäre, wurde folgender Weg gewählt:

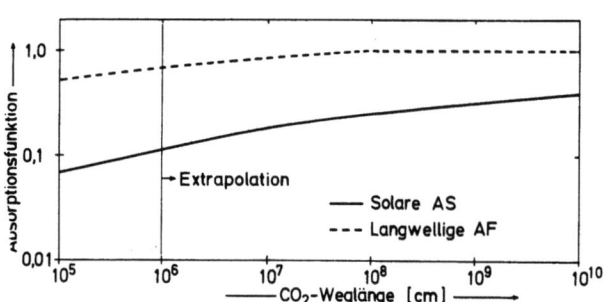

Abb. 9: Extrapolation der CO_2-Absorptionsfunktionen

4.71 Solare Absorptionsfunktion

Es wurde versucht, die CO_2- und H_2O-Weglänge zu einer effektiven Weglänge zusammenzufassen. Eine einfache lineare Beziehung zwischen der CO_2- und H_2O-Weglänge existiert nicht, da die Erhöhung der CO_2-Absorption durch den Wasserdampfgehalt vom CO_2-Gehalt selbst abhängig ist. Für eine konstante H_2O-Weglänge UW wurden zunächst bei verschiedenen CO_2-Weglängen UC die effektiven CO_2-Weglängen aus der Erhöhung der Absorptionsfunktion durch den H_2O-Gehalt nach einem Potenzgesetz $a \cdot UC^b$ bestimmt, die optimalen Konstanten a, b berechnet und schließlich wurde in UW im doppelt-logarithmischen Maßstab nach (27) und (28) interpoliert.

Empirisch konnte folgende "effektive Weglänge" UCW in Abhängigkeit von UC und UW gefunden werden:

$$UCW = UC + \exp\left[\log(10 \cdot UC^{0,6}) + \log(400 \cdot UC^{-0,15}) \cdot \log(10^3 \cdot UW) / \log 100\right] \quad (29)$$

für $UC \geq 10$ cm und $UW \geq 10^{-3}$ g/cm^2.

Nach (27), (28) kann somit die solare Absorptionsfunktion berechnet werden. Für den Bereich $10^{-8} \text{ g/cm}^2 \leq UW < 10^{-3} \text{ g/cm}^2$ wurde die solare Absorptionsfunktion korrigiert:

$$AS_{cw} = AS_c + 0{,}004 \cdot \left[\log(10^8 \cdot UW)/\log 10^5\right]^3 .$$

Der H_2O-Einfluß für $UW < 10^{-8} \text{ g/cm}^2$ wurde vernachlässigt: $\quad AS_{cw} = AS_c$.

Der mittlere relative Fehler dieser Interpolation beträgt $\pm 5{,}7\,\%$. Der Vorteil dieser Methode liegt darin, daß die Absorptionsfunktion allein aus zwei Ausdrücken für beliebige (UC, UW)-Kombinationen errechnet werden kann.

4.72 Langwellige Absorptionsfunktionen

Für die Berechnung von (21) in Abhängigkeit von UC, UW, T wurde ein anderer Weg beschritten:

1. Berechnung der durch Wasserdampf verursachten Erhöhung der CO_2-Absorptionsfunktion;
2. Ermittlung der Temperaturkorrektur unterhalb $300\,°K$;
   keine Korrektur für $T > 300\,°K$ (siehe 4.42);
3. Berechnung der Absorptionsfunktion als Funktion der CO_2-Weglänge.

Empirisch ergaben sich folgende Ausdrücke, wobei TC die Temperaturkorrektur bedeutet:

Tabelle 6

Interpolationsformeln für die langwellige Absorptionsfunktion

Gültigkeitsbereiche	Absorptionsfunktionen
$T \leq 300\,°K$	$TC = 0{,}12 + 0{,}18 \cdot \log(0{,}1 \cdot UC)/\log 10^5 \cdot 0{,}005 \cdot (300 - T)$
$T > 300\,°K$	$TC = 0$
$UC < 10^4 \text{ cm}$	$AF_c = \exp\left[\log 0{,}097 + \log(3{,}82)/\log 10^3 \cdot \log(UC/10)\right] + TC$
$UC \geq 10^4 \text{ cm}$	$AF_c = 0{,}37 + 0{,}33 \cdot \log(UC/10^4)/\log 10^2 + TC$
$UW > 10^{-3} \text{ g/cm}^2$	$AF_{cw} = AF_c + 0{,}06 + \left[0{,}12 - 0{,}04 \cdot \log(0{,}1 \cdot UC)/\log 10^5\right] \cdot \left[1 + 3 \cdot \log(10^2 \cdot UW)/\log 10^3\right]$
$10^{-8} \leq UW \leq 10^{-3} \text{ g/cm}^2$	$AF_{cw} = AF_c + 0{,}06 \cdot \left[\log(10^8 \cdot UW)/\log 10^5\right]^3$
$UW < 10^{-8} \text{ g/cm}^2$	$AF_{cw} = AF_c$

Falls die auf diese Weise berechneten Absorptionsfunktionen den Wert 1 überschritten, wurden sie gleich 1 gesetzt. Der mittlere relative Interpolationsfehler beträgt $\pm 4{,}3\,\%$.

Ähnlich wie oben beschrieben wurde die Interpolation für die über T integrierte langwellige Absorptionsfunktion AF* (15) bzw. (22) durchgeführt:

Tabelle 7

Interpolationsformeln für die T-integrierte langwellige Absorptionsfunktion

Gültigkeitsbereiche	Absorptionsfunktionen
$UC < 10^4$ cm	$AF_c^* = \exp\{\log[0,134 - 4,76 \cdot 10^{-4} \cdot (T - 300)] + \log[0,427 - 9,48 \cdot 10^{-4} \cdot (T - 300)/(0,134 - 4,76 \cdot 10^{-4} \cdot (T - 300))] \cdot \log(0,1 \cdot UC)/\log 10^3\}$
$UC \geq 10^4$ cm	$AF_c^* = 0,427 - 9,48 \cdot 10^{-4} \cdot (T - 300) + \{[0,783 - 1,17 \cdot 10^{-3} \cdot (T - 300)] - [0,427 - 9,48 \cdot 10^{-4}/(T - 300)]\} \cdot \log(10^{-4} \cdot UC)/\log 10^2$
$UW > 10^{-3}$ g/cm^2	$AF_{cw}^* = AF_c^* + 0,13 \cdot {}^{10}\log(UW \cdot 10^3) + 0,12 \cdot {}^{10}\log(UW \cdot 10^3) \cdot \log(T/300)/\log 0,33 + 0,0519 + 0,1 \cdot \log(T/300)/\log 0,33$
$10^{-8} \leq UW \leq 10^{-3}$ g/cm^2	$AF_{cw}^* = AF_c^* + [0,0519 + 0,1 \cdot \log(T/300)/\log 0,33] \cdot [\log(10^8 \cdot UW)/\log 10^5]$
$UW < 10^{-8}$ g/cm^2	$AF_{cw}^* = AF_c^*$

Der mittlere relative Fehler beträgt ± 4,8 %.

5. Modell und Methode

Mit den in 4.7 angegebenen Interpolationsformeln können die kurz- und langwelligen Strahlungsströme (4), (13), (14) für beliebig aufgebaute Atmosphären innerhalb der genannten Grenzwerte berechnet werden.

5.1 Modell

Die Berechnung des vertikalen Temperaturprofils der Venusatmosphäre bis 80 km Höhe wurde als zeitabhängiges Problem behandelt, wobei (1) numerisch integriert wurde.

$$\frac{\partial T}{\partial t} = - \frac{1}{\rho \cdot c_p} \left[\frac{\partial FN}{\partial z} - \frac{\partial S}{\partial z} + \frac{\partial H}{\partial z} \right]. \tag{1}$$

$FN = F^\uparrow - F^\downarrow$ ist der Nettostrahlungsstrom, S die Sonnenstrahlung und H der Vertikaltransport fühlbarer Wärme.

Durch Vorwärtsdifferenzenbildung in der Zeit kann aus (1) die Temperatur zum Zeitpunkt n aus der Temperatur zum vorherigen Zeitpunkt n - 1 gewonnen werden:

$$T^{(n)} = T^{(n-1)} + \left(\frac{\partial T}{\partial t}\right)^{n-1} \cdot \Delta t , \qquad (30)$$

wobei Δt der Zeitschritt ist.

Gleichung (1) wurde in einer Atmosphäre aus 40 planparallelen Schichten mit linearer Vertikalkoordinate z und einem Höheninkrement Δz = 2 km gelöst.

Die Differentialquotienten auf der rechten Seite von (1) wurden durch zentrierte Differenzenquotienten ersetzt. Die Strahlungsströme, Weglängen und Drucke wurden an den Rändern der Schichten k berechnet, die Strahlungsstromdivergenzen, Temperaturänderungen und die Temperatur selbst in der Mitte der Schichten k ± 1/2 (Abb. 10). Auf diese Weise brauchten die Differenzen nur über das einfache Höheninkrement Δz gebildet zu werden.

Die numerische Integration von (1) macht Anfangs- und Randbedingungen erforderlich.

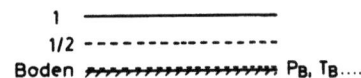

Abb. 10: Modellschema

5.2 Anfangsbedingungen

Als Anfangsbedingung wurde ein beliebiges Temperaturprofil vorgegeben.

5.3 Randbedingungen

5.31 Boden

Der Venusboden soll die abwärtsgerichtete langwellige Strahlung sowie die Sonnenstrahlung vollständig absorbieren und keine Wärmekapazität besitzen. Die Wärmeleitung in den Boden wurde vernachlässigt, so daß die von oben kommende Energie wieder vollständig durch Schwarzemission sowie konvektiven und turbulenten Wärmetransport nach oben abgegeben wird.
Als Randbedingung gilt somit folgende Haushaltsgleichung:

$$F_B^\downarrow + S_B = F_B^\uparrow + H_B . \qquad (31)$$

Mit der über alle Wellenlängen integrierten Emission des "schwarzen" Bodens $F_B^\uparrow = \sigma \cdot T_B^4$ kann aus (31) die Bodentemperatur berechnet werden:

$$T_B = \left[(F_B^\downarrow + S_B - H_B)/\sigma\right]^{1/4} . \qquad (32)$$

Die Temperatur der bodennahen Luftschicht kann aus folgenden Überlegungen bestimmt werden [FABIAN et al., 1968].

Nach PRIESTLEY [1959] kann der Wärmefluß in dieser Schicht für die Erdatmosphäre folgendermaßen geschrieben werden:

$$H = -c_p \cdot \rho_o \cdot C_D \cdot V_o \cdot (T_o - T_B),$$

wobei C_D der Reibungskoeffizient und V_o die Windgeschwindigkeit im Anemometerniveau ist. Beide sind für die Venusatmosphäre nicht bekannt; es zeigt sich jedoch, daß sie keinen allzu großen Einfluß auf die Temperatur der bodennahen Luftschicht haben. Zusammen mit (16) und unter der Annahme, daß $\frac{\partial T}{\partial z}$ in (16) durch $\frac{2(T_{1/2} - T_o)}{\Delta z}$ approximiert werden kann, ergibt sich für die Temperatur der bodennahen Luftschicht:

$$T_o = \frac{T_{1/2} + \Gamma \cdot \Delta z/2 + D \cdot T_B}{1 + D} \tag{33}$$

mit

$$D = \frac{C_D \cdot V_o}{K} \Delta z.$$

Die ungenaue Kenntnis der dimensionslosen Größe D ist nicht so kritisch, da es sich zeigt, daß in der Venusatmosphäre selbst bei Variation von D um eine Zehnerpotenz T_o nur wenige Zehntel Grad von T_B abweicht. Folgende Werte wurden benutzt, die in der Größenordnung für die Erdatmosphäre gelten: $V_o = 1$ m/sec, $C_D = 3 \cdot 10^{-3}$ und $K = 10^3$ cm^2/sec.

5.32 Oberer Rand der Modellatmosphäre

Für den abwärtsgerichteten langwelligen Strahlungsstrom am oberen Rand wurden folgende Fälle untersucht:
1. $F_N^\downarrow = 0$
2. $F_N^\downarrow$ ergibt sich aus dem CO_2-Gehalt oberhalb 80 km, der wiederum aus dem Druck bei 80 km näherungsweise bestimmbar ist.

Die abwärtsgerichtete Sonnenstrahlung am oberen Rand ergibt sich aus der Solarkonstanten, der Zenitdistanz und der CO_2-Weglänge oberhalb 80 km. Ein Wasserdampfgehalt oberhalb des Randes wurde nicht berücksichtigt.

5.33 Wolken

Die Albedo der 2 km mächtigen Wolkenschicht wurde zu etwa 80 % angenommen (siehe 5.421), wobei die Sonnenstrahlung von der Wolkenobergrenze diffus reflektiert wird. Die restlichen 20 % werden zu etwa 40 % von der Wolkenschicht absorbiert und zu 60 % diffus transmittiert. Die oben genannte Absorption der Wolkenschicht trifft in der Größenordnung für kompakte Stratuswolken der Erdatmosphäre zu [DANIELSEN et al., 1969].

Im Langwelligen wurden drei Fälle untersucht:
1. "schwarze" Wolken,
2. 80 %ige Absorption,
3. vollständige Transparenz.

5.4 Rechenmethode

5.41 Atmosphärische Zustandsgrößen

Bei jedem Zeitschritt wurden folgende Größen berechnet, die den Zustand der Atmosphäre charakterisieren: Temperatur, Druck, Dichte, spezifische Wärme bei konstantem Druck, Poissonkonstante, potentielle Temperatur, Temperaturgradient, adiabatischer Temperaturgradient, Wasserdampfgehalt in Volumenprozent, Waserdampfpartialdruck, Wasserdampfsättigungsdruck, relative Feuchtigkeit sowie CO_2- und H_2O-Weglängen.

Will man aus einem vorgegebenen Temperaturprofil das Druckprofil errechnen, so muß mindestens ein Druckwert bekannt sein. In dieser Arbeit wurde der Bodendruck konstant gehalten, so daß sich der Druck p_1 am oberen Rand der 1. Schicht aus dem Bodendruck p_B und der Temperatur $T_{1/2}$ (Abb. 10) der isotherm gedachten Schicht nach der barometrischen Höhenformel errechnen läßt:

$$p_1 = p_B \cdot \exp\left(-\frac{g}{R_c \cdot T_{1/2}} \Delta z\right) \tag{34}$$

g ist die Schwerebeschleunigung und R_c die Gaskonstante der Venusatmosphäre (hier für CO_2).

Weiter ergibt sich p_k aus p_{k-1} und $T_{k-1/2}$ ($k = 2, \ldots 40$), so daß das Druckprofil bis zum oberen Rand der Atmosphäre errechnet werden kann.

Aus Temperatur und Druck ergibt sich die Dichte nach der Gasgleichung

$$\rho_k = \frac{p_k}{R_c \cdot T_k} \tag{35}$$

mit

$$T_k = \frac{T_{k+1/2} + T_{k-1/2}}{2} \quad \text{(siehe Abb. 10)}$$

Weiter wurde die Temperaturabhängigkeit der spezifischen Wärme c_p nach Werten von STALEY [1970] für ein ideales CO_2-Gas berücksichtigt. Die Druckabhängigkeit wurde vernachlässigt, da wegen der hohen Temperatur der unteren Venusatmosphäre die Abweichung vom idealen Gaszustand nach STALEY weniger als 1 % beträgt.

Die Temperaturabhängigkeit von c_p wurde durch eine Interpolation 1. Ordnung nach (27) und (28) mit einem mittleren relativen Fehler von etwa 1 % berechnet. Somit ist auch $\varkappa = R_c/c_p$ bekannt und damit die potentielle Temperatur:

$$\Theta_k = T_k \cdot \left(\frac{p_B}{p_k}\right)^{\varkappa_k} \tag{36}$$

Der adiabatische Temperaturgradient ergibt sich aus:

$$\Gamma_k = \frac{g}{(c_p)_k} \tag{37}$$

Ebenso wird der aktuelle Temperaturgradient an den Rändern der Schichten bestimmt:

$$\left(\frac{\partial T}{\partial z}\right)_k = \frac{T_{k+1/2} - T_{k-1/2}}{\Delta z} \tag{38}$$

Die Feuchtebegriffe ergeben sich aus dem Wasserdampfgehalt, der in Volumenprozent q vorgegeben wird. Der Wasserdampfpartialdruck e kann aus q und dem Gesamtdruck p berechnet werden:

$$e_k = \frac{q_k \cdot p_k}{100} \quad . \tag{39}$$

Für kleine Werte von q erhält man das Wasserdampf-Mischungsverhältnis m aus:

$$m_k = \frac{q_k}{100} \cdot \frac{M_w}{M_c} \quad . \tag{40}$$

wobei M_w und M_c die Molekulargewichte von H_2O und CO_2 sind. Der Wasserdampfsättigungsdruck E in mb ergibt sich aus der Magnusformel, wobei t die Temperatur in °C ist:

$$E_k = 6,1 \cdot 10^{\frac{7,45 \cdot t_k}{235 + t_k}} \quad . \tag{41}$$

Damit ist auch die relative Feuchte bekannt:

$$r_k = 100 \cdot \frac{e_k}{E_k} \quad . \tag{42}$$

Aus (25) und der hydrostatischen Beziehung

$$\frac{\partial p}{\partial z} = -g \cdot \rho \tag{43}$$

erhält man die CO_2-Weglänge in cm bei Standardbedingungen T_s, p_s, summiert vom oberen Rand der Atmosphäre (k = 40) bis zum Boden (k = 0):

$$UC_B = \frac{R_c \cdot T_s}{g \cdot (2p_s)^{1+x}} \cdot \sum_{j=1}^{40} (p_j + p_{j-1})^x \cdot (p_j - p_{j-1}) \tag{44}$$

$$j = 40 - k \quad (k = 0, 1, \ldots 40) \quad .$$

Analog ergibt sich für die von oben nach unten summierte H_2O-Weglänge in g/cm^2 Niederschlagswasser mit Druckkorrektur x und Mischungsverhältnis m:

$$UW_B = \frac{1}{2g \cdot (2p_s)^x} \cdot \sum_{j=1}^{40} (m_j + m_{j-1}) \cdot (p_j + p_{j-1})^x \cdot (p_j - p_{j-1}) \tag{45}$$

$$j = 40 - k \quad (k = 0, 1, \ldots 40) \quad .$$

5.42 Strahlungs- und Wärmeströme

5.421 Sonnenstrahlung

Nach der Randbedingung 5.32 ist die Sonnenstrahlung am oberen Rand der Atmosphäre gegeben durch:

$$S_N^\downarrow = S_V \cdot \cos \zeta \tag{46}$$

wobei S_V die Solarkonstante der Venus und ζ die Zenitdistanz ist, die für Venus wegen der vernachlässigbaren Deklination folgendermaßen von Breite φ und Tageszeit t abhängt:

$$\cos \zeta = \cos \varphi \cdot \cos t \quad . \tag{47}$$

Rechnet man t in Stunden, so ergibt sich für den 2880-Stunden-Tag von Venus:

$$t = 0 \quad \text{Sonnenaufgang}$$
$$t = 720 \quad \text{Mittag}$$
$$t = 1440 \quad \text{Sonnenuntergang}$$

so daß aus (47) wird:

$$\cos \zeta = \cos \varphi \cdot \cos\left(\frac{t-720}{1440}\pi\right) \tag{48}$$

für die Nachtzeit wird $\cos \zeta = 0$ gesetzt.

Der Tagesmittelwert der Sonnenstrahlung für den Außenrand der Atmosphäre ergibt sich aus (46), wenn man $\cos \zeta$ durch

$$\overline{\cos \zeta} = \frac{\int \cos \zeta (t)\, dt}{\int dt} \tag{49}$$

ersetzt, wobei die Integration über Tag und Nacht durchgeführt wird.

Einen global gemittelten Wert der Solarkonstanten erhält man, wenn man die Tag und Nacht auf die Venus-Querschnittsfläche πR_V^2 fallende Sonnenenergie $S_V \pi R_V^2$ auf die gesamte Venusoberfläche $4\pi R_V^2$ verteilt:

$$S_V \cdot \pi R_V^2 = S_e \cdot 4\pi R_V^2 \quad .$$

Daraus ergibt sich eine effektive Solarkonstante S_e:

$$S_e = \frac{S_V}{4} \quad . \tag{50}$$

$S_e \cdot (1 - \text{Albedo})$ gibt den ständigen Energiegewinn der Atmosphäre aufgrund der Sonnenstrahlung an, der im Mittel durch den Energieverlust aufgrund der langwelligen Emission in den Weltraum kompensiert wird.

In der vorliegenden Arbeit wurden alle drei Fälle (48), (49) und (50) durchgerechnet.

Die am Außenrand der Atmosphäre einfallende Sonnenenergie dringt zunächst unter Abschwächung durch Absorption bis zur Wolkenobergrenze vor, wird dort zum größeren Teil diffus reflektiert und erneut von der Atmosphäre teilweise absorbiert. Der Anteil der reflektierten Sonnenstrahlung wurde so gewählt, daß sich eine planetare Abedo von 73 - 75 % ergab, was mit einer Wolkenalbedo von 80 - 85 % je nach Absorptionsvermögen (Wasserdampfgehalt) der Atmosphäre oberhalb der Wolken erreicht werden konnte.

Die Erwärmung der Venusatmosphäre infolge der Sonnenstrahlungsabsorption durch CO_2 und Wasserdampf kann oberhalb der Wolken folgendermaßen errechnet werden:

$$\left(\frac{\partial T}{\partial t}\right)_S = \frac{1}{\rho \cdot c_p} \cdot \frac{\partial (S^\downarrow - S^\uparrow)}{\partial z} \quad . \tag{51}$$

Die abwärts- und aufwärtsgerichtete Sonnenstrahlung in einer Schicht k oberhalb der Wolken ist gegeben durch (siehe auch (4)):

$$S_k^\downarrow = \{1 - AS[u_k \cdot \sec \zeta]\} \cdot S_N^\downarrow \tag{52}$$

und

$$S_k^\uparrow = \{1 - AS[(u_{wo} - u_k) \cdot \sec \zeta \cdot 1,66]\} \cdot S_{wo}^\uparrow \quad . \tag{53}$$

Der Faktor 1,66 in (53) berücksichtigt die diffuse Natur der reflektierten Strahlung (siehe 3.12), der Index "wo" bezieht sich auf die Wolkenobergrenze.

Der in die Wolken eindringende Teil der Sonnenstrahlung wird im Mittel zu etwa 40 % absorbiert (siehe 5.33); die restlichen 60 %, das sind 10 - 20 % der am Außenrand der Atmosphäre insgesamt einfallenden Energie, werden diffus transmittiert und zu etwa gleichen Teilen von der Atmosphäre unterhalb der Wolken und dem Boden absorbiert.

Es ist jedoch zu beachten, daß die oben genannten Zahlen nur grobe Abschätzungen sind und stark vom Wasserdampfgehalt der Atmosphäre abhängen.

Die Erwärmung unterhalb der Wolken wurde nach (51) und (52) berechnet, wobei $S^\uparrow$ vernachlässigt und in (52) der "diffuse" Faktor 1,66 berücksichtigt wurde. Außerdem wurde in (52) $S_N^\downarrow$ durch die Sonnenstrahlungsenergie an der Wolkenuntergrenze $S_{wu}^\downarrow$ ersetzt.

5.422 Langwellige Strahlung

Die Berechnung der thermischen Strahlung der Atmosphäre und des Bodens in einem Niveau k kann an folgendem Schema erläutert werden (siehe Abb. 11).

Die Pfeile deuten den nach oben bzw. unten gerichteten langwelligen Strahlungsstrom durch das Bezugsniveau k an, der durch die Temperatur der verschiedenen Niveaus und die Weglänge der absorbierenden Gase zwischen dem emittierenden Niveau und dem Bezugsniveau definiert ist.

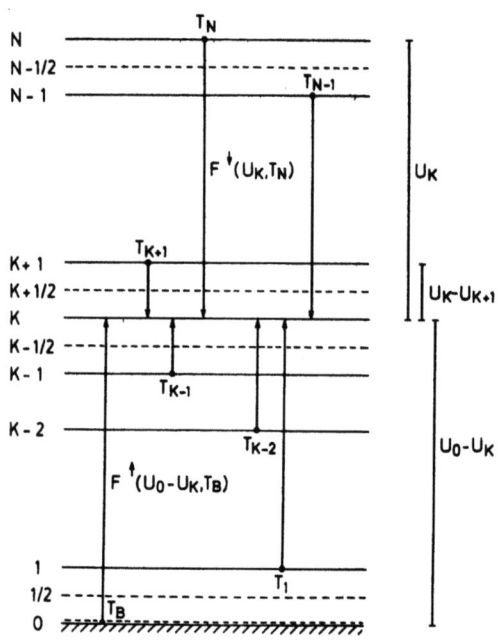

Abb. 11: Schema für die Berechnung der langwelligen Strahlungsströme

Der abwärtsgerichtete Strahlungsstrom durch ein Bezugsniveau k ergibt sich aus der Summation über alle nach unten gerichteten Strahlungsströme oberhalb des k-ten Niveaus:

$$F_k^\downarrow = 4\sigma \cdot \sum_{j=k+1}^{N} \left\{ AF\left[(\tilde{u}_k - \tilde{u}_j), T_j\right] \cdot T_j^3 \cdot (T_{j-1/2} - T_{j+1/2}) \right\} + \sigma T_N^4 \cdot AF^*\left[\tilde{u}_k, T_N\right] \quad (54)$$

$$(k = 0, 1, \ldots N-1)$$

mit $\tilde{u} = 1{,}66 \cdot u$.

Summation über alle k liefert den totalen abwärtsgerichteten langwelligen Strahlungsstrom der Atmosphäre (siehe (14)).

Entsprechend ergibt sich der aufwärtsgerichtete langwellige Strahlungsstrom durch das Niveau k:

$$F^\uparrow_k = \sigma T_B^4 + 4\sigma \cdot \sum_{j=0}^{k-1} \left\{ AF\left[(\tilde{u}_j - \tilde{u}_k), T_j\right] \cdot T_j^3 \cdot (T_{j+1/2} - T_{j-1/2}) \right\} \qquad (55)$$

$$(k = 1, 2, \ldots N) \quad .$$

Die Ausdrücke (54) und (55) gelten nur für eine wolkenfreie Atmosphäre. Ist beispielsweise eine "schwarze" Wolkenschicht vorhanden, so muß in (54) für den Teil unterhalb der Wolken die Schwarzemission der Wolkenuntergrenze σT_{wu}^4 addiert werden, in (55) für den Teil oberhalb der Wolken die Schwarzemission der Wolkenobergrenze σT_{wo}^4.

Die Temperaturänderung pro Zeiteinheit aufgrund der langwelligen Strahlung ergibt sich aus der Vertikaldivergenz des Nettostrahlungsstromes $FN = F^\uparrow - F^\downarrow$, der nach oben hin in den meisten Fällen zunimmt und somit für eine Abkühlung der Atmosphäre sorgt:

$$\left(\frac{\partial T}{\partial t}\right)_F = - \frac{1}{\rho \cdot c_p} \cdot \frac{\partial FN}{\partial z} \quad . \qquad (56)$$

5.423 Wärmetransport

Der vertikale Wärmetransport H durch das Niveau k wurde folgendermaßen berechnet (siehe (16)), wobei H positiv bei aufwärts- und negativ bei abwärtsgerichtetem Wärmestrom ist.

$$H_k = - (c_p)_k \cdot \rho_k \cdot K \cdot \left(\frac{T_{k+1/2} - T_{k-1/2}}{\Delta z} + \Gamma_k\right) \cdot \frac{\theta_k}{T_k} \quad . \qquad (57)$$

Der turbulente Diffusionskoeffizient K der Erdatmosphäre ist höhen-, breiten- und schichtungsabhängig. Da die exakte Abhängigkeit selbst für die Erdatmosphäre nicht bekannt ist, wurde für Venus ein konstanter Wert von 10^5 cm^2/sec angenommen, der relativ hoch gewählt wurde, um die zu erwartende Konvektion in den unteren Schichten der Venusatmosphäre simulieren zu können. Vergleichsrechnungen mit $K = 10^4$ cm^2/sec wurden durchgeführt (Abb. 23).

Die Temperaturänderung pro Zeiteinheit aufgrund des Wärmetransports (57) ergibt sich aus:

$$\left(\frac{\partial T}{\partial t}\right)_H = - \frac{1}{\rho \cdot c_p} \cdot \frac{\partial H}{\partial z} \quad . \qquad (58)$$

Die Summe von (51), (56) und (58) ergibt die totale zeitliche Temperaturänderung (1).

Der Wärmetransport (57) verschwindet in einer adiabatischen Atmosphäre, ist nach unten gerichtet in einer stabilen und nach oben gerichtet in einer instabilen Atmosphäre. In der Erdatmosphäre beobachtet man im Mittel statische Stabilität, aber einen nach oben gerichteten Wärmestrom. Diese Diskrepanz kann durch einen kleinen "counter-gradient" [DEARDORFF 1966] aufgehoben werden, der zusätzlich in der Klammer von (57) erscheint und der den Punkt verschwindender Transporte in den stabilen Bereich hinein verschiebt. Wegen der größeren Unsicherheit in der Kenntnis der Venusatmosphäre wurde ein countergradient in dieser Arbeit nicht berücksichtigt.

Bei Strahlungsrechnungen und Simulationen der atmosphärischen Zirkulation der Erde zeigt es sich, daß ein Wärmetransport der Art (57) nicht ausreicht, um die durch Strahlungseffekte in den unteren Atmosphärenschichten entstehenden überadiabatischen Temperaturgradienten aufzuheben. Um eine intensive

Konvektion zu simulieren, wird oft die Methode des "convective adjustment" gebraucht, mit der ein überadiabatisches Temperaturprofil an ein realistisches Profil angepaßt wird, wobei indirekt Wärme von unten nach oben transportiert wird, die innere Energie bei diesem Prozeß jedoch unverändert bleibt [MANABE, STRICKLER 1964].

Diese Methode wurde zwar in dieser Arbeit getestet, jedoch nicht generell angewandt, da es sich zeigte, daß die Produktion von innerer Energie in der Venusatmosphäre zu groß ist, um eine asymptotische Lösung des Anfangswertproblems erreichen zu können, wie noch gezeigt wird.

Außerdem genügt in den meisten Fällen ein Wärmetransport nach (57) mit genügend großem K, um unrealistische überadiabatische Temperaturgradienten zu vermeiden, da die Absorption der Sonnenstrahlung vorwiegend in der Atmosphäre und den Wolken erfolgt und somit die konvektive Bodenschicht - wenn überhaupt vorhanden - nicht sehr ausgeprägt ist.

5.43 Asymptotische Lösung

Die numerische Zeitintegration (30) kann in folgendem Flußdiagramm dargestellt werden (Abb. 12):

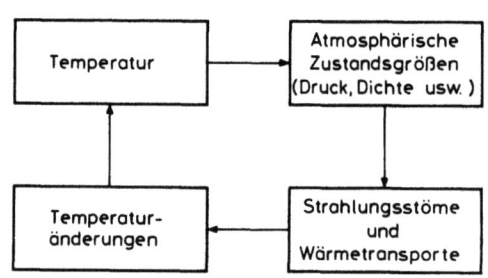

Das Ergebnis einer nach obigem Schema ablaufenden Rechnung soll unabhängig von der Anfangstemperaturverteilung sein, so daß man aus einer zu Beginn "falschen" Verteilung (z.B. isotherme Atmosphäre) den "richtigen" Endzustand asymptotisch erreichen kann.

Abb. 12: Rechenschema

Ein stationärer Zustand der Atmosphäre soll erreicht sein, wenn Gleichgewicht zwischen dem Energiegewinn der Atmosphäre durch absorbierte Sonnenstrahlung und dem Energieverlust durch Abgabe von thermischer Strahlung an den Weltraum existiert und wenn die zeitlichen Temperaturänderungen "klein" sind:

a) die Differenz zwischen der effektiven Sonnenstrahlung $S = S^\downarrow - S^\uparrow$ und dem Nettostrahlungsstrom FN am Außenrand der Atmosphäre soll nicht größer als 1% von S oder FN sein;

b) die totale zeitliche Temperaturänderung $\frac{\partial T}{\partial t}$ (1) soll nicht größer als 10^{-3} Grad/24 Stunden sein.

Mit diesen beiden Kriterien kann der Gleichgewichtszustand bis auf etwa 1,5 Grad erreicht werden.

Für Venus ist die Errechnung eines stationären Temperaturfeldes aus einer beliebigen Anfangsverteilung heraus wegen der hohen thermischen Trägheit der unteren Atmosphäre praktisch nicht möglich (Abb. 13).

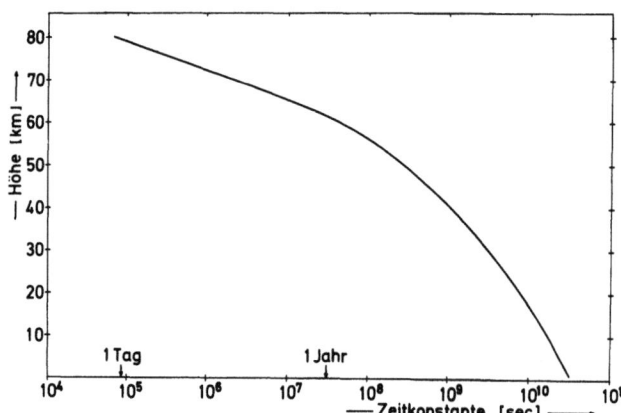

Abb. 13: Zeitkonstante für die Erwärmung der Venusatmosphäre durch die Sonnenstrahlung

Die Zeitkonstante $\tau_c = \dfrac{c_p \cdot M \cdot T}{S}$ (M = Masse) für eine Erwärmung durch die Sonnenstrahlung S beträgt bei einem Bodendruck von 115 atm und einer Temperatur von 800 °K in dem vorliegenden Modell am Boden etwa 1000 Jahre, so daß eine Rechnung mit einer anfangs isothermen Atmosphäre von beispielsweise 200 °K selbst auf den z. Z. schnellsten Computern einige Tage Rechenzeit benötigen würde.

Diese Schwierigkeit wurde folgendermaßen umgangen:

1. Das Temperaturprofil bis 50 km Höhe wurde zum Anfangszeitpunkt als adiabatisch angenommen.

2. Nach etwa 400 Zeitschritten - die Strahlungsrechnung nur bei jedem 10. Zeitschritt - wurden die effektive Sonnenstrahlung $S = S^\downarrow - S^\uparrow$ und die temperaturabhängige Nettoemission FN am Außenrand der Atmosphäre verglichen.

3. Die Temperatur der gesamten Atmosphäre wurde um 5° herauf- oder herabgesetzt, je nachdem ob S größer oder kleiner als FN war.

4. Das Iterationsverfahren wurde so lange durchgeführt, bis die Differenz zwischen S und FN nicht größer als 5 % von S war.

5. Die Zeitintegration wurde weitere 400 Zeitschritte durchgeführt, bis die totale zeitliche Temperaturänderung so klein wurde, daß die Strahlungsrechnung nur noch bei jedem 120. Zeitschritt erforderlich war.

Nach weiteren 10 000 Zeitschritten etwa war der stationäre Zustand gemäß der Kriterien a) und b) erreicht.

Der Zeitschritt wurde durch "Versuch und Irrtum" zu $\Delta t = 2$ Stunden ermittelt. Ein Beispiel für die Errechnung eines stationären Zustandes zeigt Abb. 14.

Die Rechnung beginnt bei Punkt 4, nachdem die Iteration durchgeführt worden ist. Aufgetragen ist die Differenz zwischen der Temperatur zum Zeitpunkt t und der Temperatur im Endzustand als Funktion der Zeit t. Die "wahre" Temperatur liegt noch um etwa 1° höher, da zum Zeitpunkt der Beendigung der Rechnung die Differenz zwischen S und FN etwa o,5 % von S betrug (siehe 5.43).

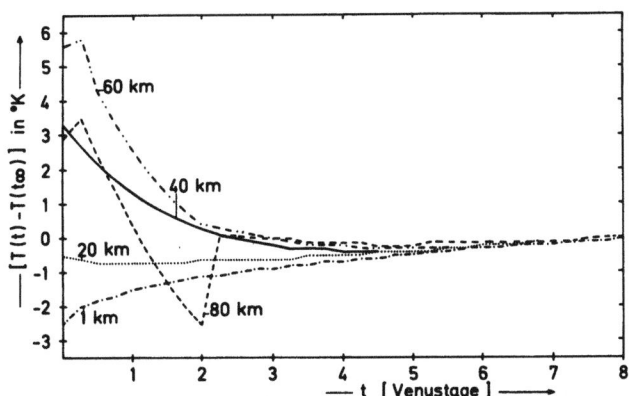

Abb. 14: Zeitlicher Verlauf der Temperaturabweichung vom Gleichgewichtszustand

6. Fehlerbetrachtung

Zwei Fehlerquellen müssen betrachtet werden: Die eine ist gegeben durch die ungenaue Kenntnis der vorausgesetzten atmosphärischen Parameter wie Bodendruck, Wolkenhöhe, Wolkeneigenschaften, Wasserdampfgehalt usw., deren Einfluß auf das errechnete Temperaturprofil durch systematische Variation in den wahrscheinlichen Grenzen untersucht werden kann (siehe 7.).

Die andere Fehlerquelle resultiert aus dem Absorptionsmaterial, der Bearbeitung der Daten (4.) und der Rechenmethode (5.). Der Ungenauigkeitsgrad der Absorptionsdaten, der durch Meßfehler, Mittelung über größere Spektralbereiche, Benutzung von Absorptionsmodellen, durch Druck- und Temperaturkorrekturen und Benutzung des Multiplikationsgesetzes für die Absorption von Gasgemischen verursacht wird, dürfte nach Angaben der betreffenden Autoren in der Größenordnung von 3 % liegen. Bei der Interpolation der Absorptionsfunktionen wurde ein Fehler von etwa 5 % gemacht; in dieser Größenordnung dürfte auch der Extrapolationsfehler der langwelligen Absorptionsfunktion (Abb. 9) liegen, während die solare Absorptionsfunktion im Extrapolationsbereich größere Fehler aufweisen könnte.

Ebenso groß ist die Unsicherheit, die durch die vernachlässigten schwachen Absorptionsbanden unterhalb $0,80\,\mu$ für große Weglängen verursacht wird. Es zeigt sich jedoch, daß das Temperaturprofil der Venusatmosphäre unterhalb der Wolken kaum von der Sonnenstrahlungsabsorption abhängt, so daß der Extrapolationsfehler keine wesentliche Bedeutung für die errechnete Temperaturverteilung haben dürfte. Aus dem gleichen Grunde kann man Fehler durch möglicherweise auftretende druckinduzierte Absorptionslinien vernachlässigen.

Die durch die Rechenmethode 5. gemachten Fehler, die aus Differenzenbildung, Randbedingungen usw. resultieren, dürften klein sein im Vergleich zu den oben erwähnten Absorptionsfehlern.

Unter Abwägung des Einflusses, den die Absorptionsfunktionen auf das errechnete Profil haben - durch Variation der Interpolationskonstanten (Tabellen 6 und 7) - kann man mit Einschränkung sagen, daß die errechnete Bodentemperatur mit einem Fehler von ± 40 Grad, die Temperatur am oberen Rand mit einem von ± 10 Grad behaftet sind - ohne Berücksichtigung der durch möglicherweise falsche Voraussetzungen gemachten Fehler.

7. Ergebnisse

Da der Zustand der Venusatmosphäre nicht genau bekannt ist, wurden die atmosphärischen Parameter, die für das Endergebnis von Bedeutung schienen, in den nach dem heutigen Wissensstand wahrscheinlichen Grenzen variiert. In der Reihenfolge ihres Einflusses auf das zu errechnende Temperaturprofil handelt es sich um folgende Größen, wobei die Reihenfolge auch durch die Variationsbreite mitbestimmt wird.

7.1 Wasserdampfgehalt

Wasserdampfgehalt und Wasserdampfprofil der Venusatmosphäre sind nur durch wenige punktuelle Direktmessungen bekannt. In der vorliegenden Arbeit wurde der Wasserdampfanteil zwischen 0,1 und 0,5 Vol% variiert und die Ergebnisse mit einer reinen CO_2-Atmosphäre verglichen (Abb. 15).

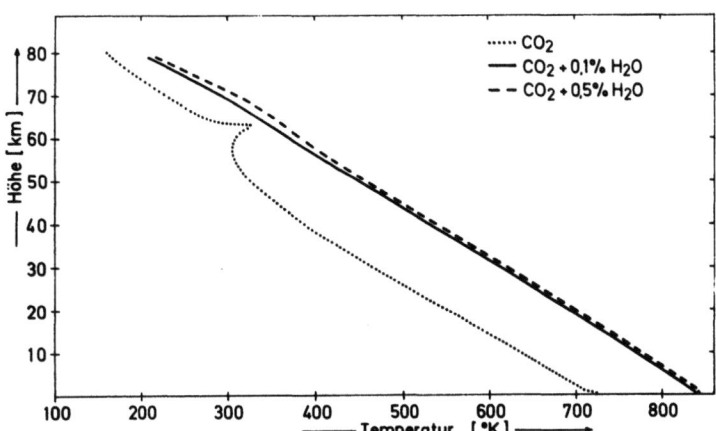

Abb. 15: Über den Tag gemittelte Temperaturprofile für Äquator; Wolken "schwarz" für langwellige Strahlung in 64 km Höhe; 115 atm Bodendruck

Die kräftige Temperaturerhöhung durch den Wasserdampf wird verursacht durch ein erhöhtes Absorptionsvermögen der Atmosphäre im Bereich der thermischen Strahlung der Atmosphäre und des Bodens. Während die reine CO_2-Atmosphäre bei 115 atm Bodendruck die langwellige Strahlung unterhalb von 20 km praktisch vollständig absorbiert, wird dieser "vollständig" absorbierende Bereich bei einem Wasserdampfgehalt von 0,1 % auf 46 km heraufgesetzt, bei einem H_2O-Gehalt von 0,5 % auf 48 km Höhe. Erst oberhalb des Bereichs "vollständiger" Absorption kann ein Energieverlust der Atmosphäre infolge direkter Emission von langwelliger Strahlung in den Weltraum stattfinden. Je höher dieses Niveau liegt, um so stärker kann die untere Atmosphäre durch die Sonnenstrahlung erwärmt werden. Der Unterschied im kompakten Bereich von 20 km für die CO_2-Atmosphäre und 46 bzw. 48 km für die (CO_2 + H_2O)-Atmosphären erzeugt die deutliche Temperaturdifferenz in Abb. 15.

Die Zunahme des Nettostrahlungsstroms in der CO_2-Atmosphäre bereits oberhalb 20 km bewirkt auch den an den Wolken zu beobachtenden unrealistischen Temperaturverlauf (Abb. 15). Der Nettostrahlungsstrom ist bis zum Wolkenniveau bereits so weit angewachsen, daß die angenommene vollständige Absorption durch die Wolken eine "langwellige Erwärmung" nach (56) bewirkt. In der Natur werden solche Irregularitäten sehr schnell durch konvektive Umschichtungen ausgeglichen, was der in dieser Arbeit benutzte Wärmestrom (16) nicht leisten kann trotz des relativ hohen turbulenten Diffusionskoeffizienten von 10^5 cm^2/sec.

Ein wirkungsvollerer Wärmetransport kann durch ein "convective adjustment" (5.423) simuliert werden; es zeigt sich jedoch, daß ein derartiges Verfahren energetisch nicht korrekt ist und in der Venusatmosphäre - wahrscheinlich wegen der hohen inneren Energie und eines zu großen Höheninkrements - in den unteren Schichten zu Fehlern führt, die mit den Stationaritätskriterien (5.43) nicht in Einklang gebracht werden können.

Abb. 16 zeigt den inkorrekten Temperaturzuwachs eines Gleichgewichtszustandes aufgrund des "convective adjustment".

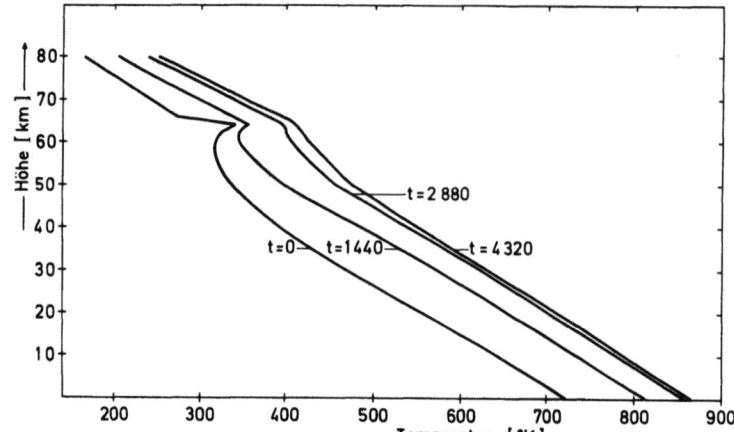

Abb. 16: Zeitliche Temperaturzunahme aufgrund eines "convective adjustment" (Zeit in Stunden); t = 0: Gleichgewichtszustand

Nimmt man an, daß die Wolken aus Wasser oder Eis bestehen, so wird der Wasserdampfgehalt oberhalb der Wolken abnehmen. Abb. 17 zeigt eine Reihe von Temperaturprofilen, die durch unterschiedliche Wasserdampfprofile, aber auch durch unterschiedliche Wolkenhöhen erzeugt werden.

Generell kann man sagen, daß eine Wasserdampferhöhung auch in der oberen Atmosphäre eine Temperaturerhöhung zur Folge hat. Selbst geringe Unterschiede in der Konzentration rufen Temperaturänderungen hervor, so daß man außerdem auf eine hohe Genauigkeit der Strahlungsrechnung schließen kann.

Die Messungen der Venera-Sonden unterhalb der Wolken deuten auf eine Abnahme des Wasserdampfgehalts nach unten hin. Extrapoliert man von den Meßpunkten bis zum Boden einerseits und zum Wolkenniveau andererseits mit einer Skalenhöhe von 20 km, so erhält man Werte von 0,003 % am Boden und 3,0 % an der Wolkenuntergrenze in 60 km. Eine Rechnung mit einem derartigen Profil liefert praktisch die gleichen Resultate wie eine mit durchmischter Atmosphäre von 0,5 % bis zur Wolkenschicht, da sich die Höhe der total absorbierenden Atmosphärenschicht nicht ändert.

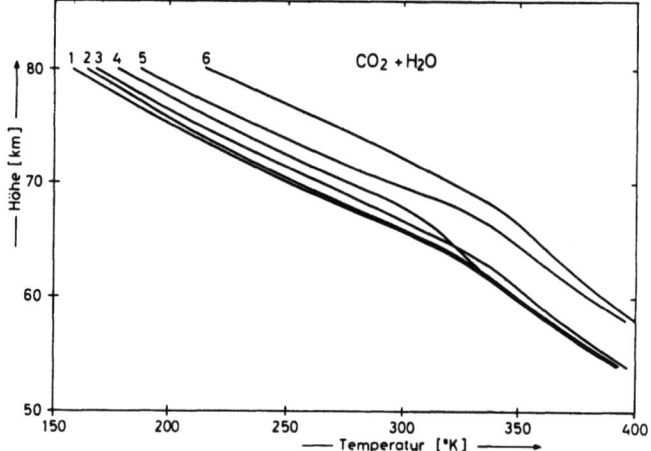

Abb. 17: Über den Tag gemittelte Äquator-Temperaturprofile für verschiedene Wasserdampfprofile, Wolkenhöhen und -eigenschaften

1-6: q = 0,5 % H_2O-Gehalt bis Wolkenuntergrenze; 115 atm Bodendruck; 74 % Albedo
1-3: 63 km-Wolken (62 - 64 km)
4-6: 67 km-Wolken (66 - 68 km)
außer 4: Wolken "schwarz" im Langwelligen

1: q-Abnahme oberhalb der Wolken mit 1 km Skalenhöhe (H_2O-Mischungsverhältnis $m = 2 \cdot 10^{-6}$ in 80 km Höhe)

2: wie 1 bis 72 km Höhe, darüber konstantes Mischungsverhältnis ($m = 4 \cdot 10^{-5}$)

3: q-Abnahme oberhalb der Wolken mit 2 km Skalenhöhe ($m = 4 \cdot 10^{-5}$ in 80 km Höhe)

4: q-Abnahme oberhalb der Wolken mit 0,5 km Skalenhöhe bis 76 km Höhe, darüber konstantes Mischungsverhältnis $m = 5 \cdot 10^{-6}$; Wolken 80 % "schwarz" im Langwelligen

5: wie 4 mit 100 % "schwarzen" Wolken

6: q = 0,5 % bis 80 km Höhe ($m = 2 \cdot 10^{-3}$)

Der Unterschied zwischen einer CO_2-Atmosphäre und einer $(CO_2 + H_2O)$-Atmosphäre zeigt sich auch im Temperaturgradienten (Abb. 18).

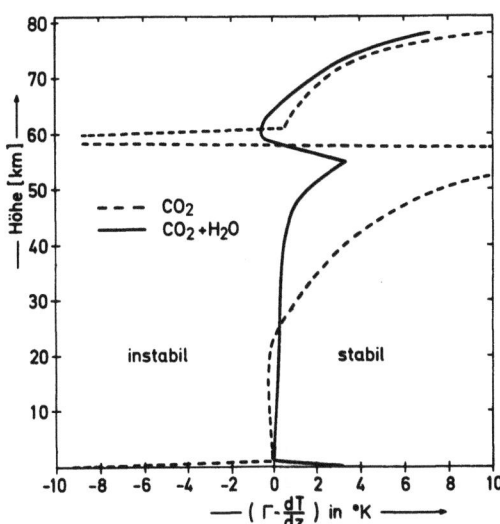

Abb. 18: Differenz zwischen adiabatischem und aktuellem Temperaturgradienten; Solarkonstante global gemittelt;

CO_2-Atmosphäre: 60 km-Wolken (schwarz); 100 atm Bodendruck; 75 % Albedo

$(CO_2 + H_2O)$-Atmosphäre: q = 0,5 % bis Wolkenuntergrenze, darüber Abnahme mit 2 km Skalenhöhe bis 68 km, darüber konstant (q = 0,067 %, m = $2,7 \cdot 10^{-4}$), sonst wie CO_2-Atmosphäre.

Die verminderte Absorption von Sonnenstrahlung in der CO_2-Atmosphäre läßt einen größeren Energiebetrag zum Boden gelangen, wodurch eine konvektive Bodenschicht mit überadiabatischem Temperaturgradienten erzeugt wird. Die sehr stabile Atmosphäre unterhalb und die instabile Schicht oberhalb der Wolken wird durch "langwellige Erwärmung" bzw. Abkühlung durch die "schwarze" Wolkenschicht und einen nicht genügend effektiven Vertikalaustausch verursacht und braucht nicht weiter beachtet zu werden. In der $(CO_2 + H_2O)$-Atmosphäre dagegen wird bereits soviel Sonnenstrahlung absorbiert, daß sich keine konvektive Bodenschicht ausbilden kann. Die Atmosphäre ist praktisch durchgehend stabil mit Ausnahme der konvektiven Schicht oberhalb der Wolken, die wiederum auf "langwellige Abkühlung" an der Obergrenze der "schwarzen" Wolkenschicht zurückzuführen ist.

Ein Beispiel für die vertikale Verteilung der Absorption von Sonnenstrahlung in einer CO_2- (I) und einer $(CO_2 + H_2O)$-Atmosphäre (II) zeigt Tabelle 8:

Tabelle 8

Vertikalverteilung der Sonnenstrahlungsabsorption (Daten wie bei Abb. 18)

	ATMOSPHÄRE I [CO_2]		ATMOSPHÄRE II [$CO_2 + H_2O$]	
	Energie [cal/cm² · min]	%	Energie [cal/cm² · min]	%
Sonnenstrahlung (80 km Höhe)	0,96	100,0	0,96	100,0
Albedo	0,70	73,0	0,70	73,0
Absorption oberhalb der Wolken	0,04	4,2	0,09	9,4
Absorption in den Wolken	0,05	5,2	0,11	11,4
Absorption unterhalb der Wolken	0,06	6,2	0,03	3,1
Absorption am Boden	0,11	11,4	0,03	3,1
Gesamt	0,96	100,0	0,96	100,0

7.1

Das Absorptionsvermögen der Wolken wurde an den Werten von DANIELSEN et al. [1969] orientiert, die Werte dieser Größenordnung für Schichtwolken der Erdatmosphäre errechneten.

Es ist bemerkenswert, daß sich trotz der intensiven Absorption der Sonnenstrahlung in der (CO_2+H_2O)-Atmosphäre ein praktisch adiabatisches Temperaturprofil in den unteren Schichten mit hohen Bodentemperaturen einstellen kann. Die Erklärung liegt wahrscheinlich in der Annahme eines Wärmetransportes, der proportional zum Gradienten der potentiellen Temperatur ist, sich also an einem adiabatischen Temperaturprofil orientiert. Der Wärmestrom ist jedoch im Gegensatz zur CO_2-Atmosphäre nicht konvektiv, sondern von oben nach unten gerichtet. Das Temperaturprofil der reinen CO_2-Atmosphäre in den unteren Schichten kann also durch den Glashauseffekt erklärt werden, während in der (CO_2+H_2O)-Atmosphäre der abwärtsgerichtete turbulente Wärmetransport für einen quasi-adiabatischen Temperaturverlauf und damit für hohe Oberflächentemperaturen sorgt. Damit ist das Temperaturprofil abhängig von der Effektivität des Wärmestroms und somit vom turbulenten Diffusionskoeffizienten K, dessen Größe für Venus nicht bekannt ist. Eine Verringerung von K um eine Zehnerpotenz auf 10^4 cm^2/sec bringt keine Änderung im Temperaturprofil der unteren Schichten, jedoch würde ein verschwindender Wärmestrom (K = 0) infolge Strahlungsausgleichs allmählich zu einer isothermen unteren Atmosphäre führen, was jedoch durch die Beobachtungsergebnisse nicht gestützt wird.

Die Unterschiede zwischen der CO_2- und der (CO_2+H_2O)-Atmosphäre zeigen sich deutlich in den Abbildungen 19 und 20, in denen die effektive Sonnenstrahlung S, die langwelligen Strahlungsströme $F^\uparrow$, $F^\downarrow$ und der Wärmetransport H, der hier positiv abwärts gerechnet wird (Abb. 19), sowie deren Erwärmungs- bzw. Abkühlungsraten (Abb. 20) als Funktionen der Höhe aufgetragen sind.

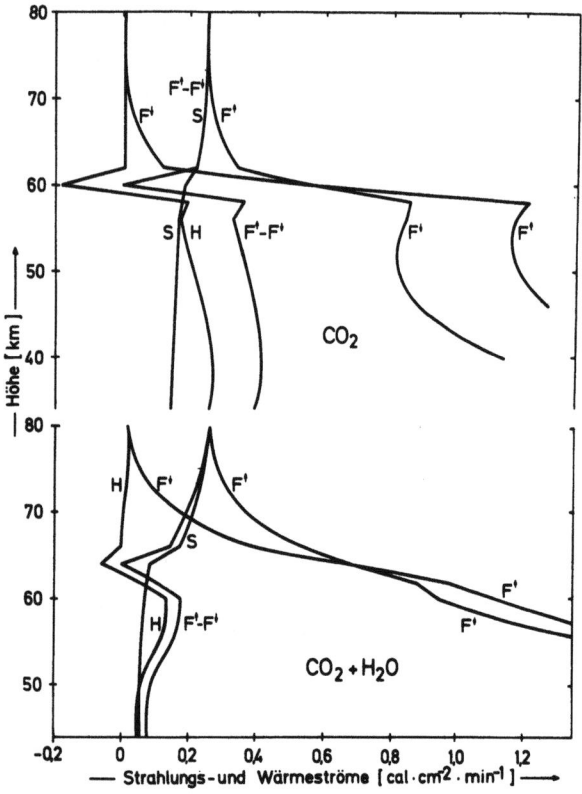

Abb. 19: Vertikalverteilung der Strahlungs- und Wärmeströme
CO_2-Atmosphäre: 60 km-Wolken ("schwarz")
(CO_2+H_2O)-Atmosphäre: 64 km-Wolken ("schwarz");
q = 0,5 % H_2O bis Wolkenuntergrenze, darüber Abnahme mit 2 km Skalenhöhe;
beide: 115 atm Bodendruck; 74 % Albedo;
Solarkonstante global gemittelt.

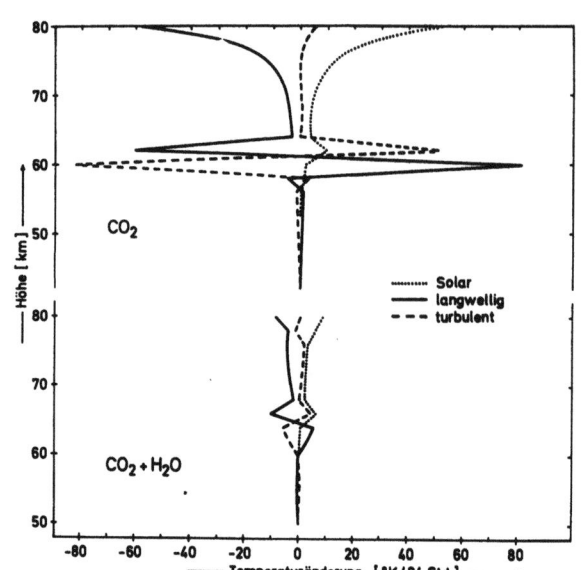

Abb. 20: Vertikalverteilung der einzelnen Komponenten der zeitlichen Temperaturänderung (Daten wie bei Abb. 19)

Der irreguläre Verlauf bei 60 bzw. 64 km ist wieder auf die Annahme einer "schwarzen" Wolkenschicht zurückzuführen. Die größeren Temperaturänderungen in der CO_2-Atmosphäre entstehen durch das geringere Absorptionsvermögen einerseits (siehe auch die Differenz zwischen $F^\uparrow$ und $F^\downarrow$ unterhalb der Wolken in Abb. 19) sowie durch die daraus resultierende geringere Temperatur und die damit verbundene geringere Dichte und spezifische Wärme der Atmosphäre andererseits.

In der unteren Atmosphäre sind die zeitlichen Temperaturänderungen um mehrere Größenordnungen geringer, so daß sie in den Abbildungen 21 und 22 in stark vergrößertem Maßstab - hier am Beispiel einer CO_2-Atmosphäre - aufgetragen worden sind.

Es zeigt sich an diesem Beispiel, daß in den untersten Schichten (Abb. 22) der Einfluß der langwelligen Strahlung zurücktritt und oberhalb des total absorbierenden Bereichs (hier ca. 12 km) der Einfluß der Sonnenstrahlung klein wird (Abb. 21).

In den untersten Schichten unterscheidet sich die Venusatmosphäre erheblich von der Erdatmosphäre, in der die Abkühlung infolge langwelliger Strahlung durch eine Erwärmung infolge der Transporte von fühlbarer und latenter Wärme kompensiert wird.

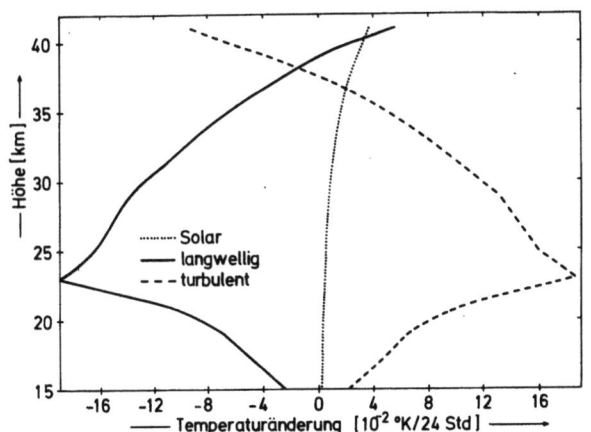

Abb. 21: Vertikalverteilung der einzelnen Komponenten der zeitlichen Temperaturänderung zwischen 15 und 40 km Höhe; CO_2-Atmosphäre mit 85 atm Bodendruck; "schwarze" 60 km-Wolken; 75 % Albedo; Solarkonstante global gemittelt.

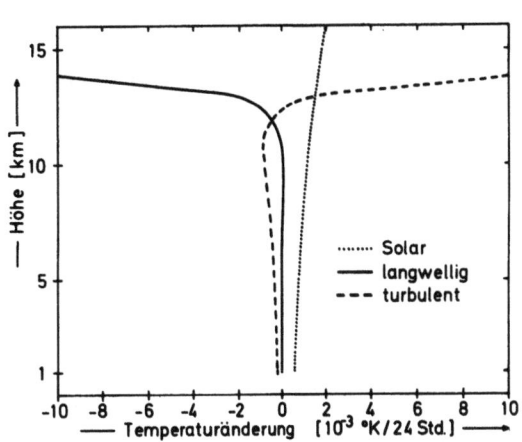

Abb. 22: Wie Abb. 21 - unterhalb 15 km Höhe

7.2 Wolken

Aus spektroskopischen Messungen ist bekannt, daß die sichtbaren Wolken in einer Höhe liegen, die einer Temperatur von etwa 240 °K und einem Druck von etwa 0,3 atm entspricht. Nach den vorliegenden Wasserdampf-, Temperatur- und Druckmessungen der Venera-Sonden sind Modelle konstruiert worden [AVDUEVSKY et al., 1970], nach denen die Wolkenschicht in einer Höhe von etwa 60 km liegt. In der vorliegenden Arbeit wurde die Wolkenhöhe zwischen 60 und 68 km variiert.

Zusammensetzung, Struktur und optische Eigenschaften der Venuswolken sind praktisch unbekannt. Eine Annahme von Wasser- oder Eiswolken erscheint nach den Venera-Messungen [AVDUEVSKY et al., 1968/1970] und Laborexperimenten [FUKUTA et al., 1970] naheliegend, wenn es auch Gegengründe gibt (siehe 2.3).

Will man in einem Rechenmodell H_2O-Wolken einführen, so muß man plausible Profile der relativen Feuchte angeben können, z.B. im vorliegenden Fall ein Maximum der relativen Feuchte von 100 % im Wolkenniveau und eine Abnahme nach oben und unten hin. Gibt man ein Profil der relativen Feuchte statt der absoluten in einer Rechnung vor, so macht man den Wasserdampfgehalt temperaturabhängig, da z.B. mit zunehmender Temperatur und konstanter relativer Feuchte auch der Wasserdampfgehalt zunimmt.

In der vorliegenden Arbeit wurde zunächst versucht, unterhalb der Wolken einen konstanten Wasserdampfgehalt anzunehmen, die Wolkenhöhe über eine relative Feuchte von 100 % an die Temperatur zu binden und oberhalb der Wolken ein Profil mit konstanter relativer Feuchte anzunehmen. Es zeigte sich, daß eine kleine Temperaturerhöhung durch Strahlungs- und Wärmeströme ein Anwachsen der Wolkenhöhe hervorrief, was zur Folge hatte, daß der Bereich relativ hohen Wasserdampfgehalts unterhalb der Wolken vergrößert wurde, wodurch - zusätzlich zum Effekt der Wolkenerhöhung - das Absorptionsvermögen vergrößert wurde und eine weitere Temperaturerhöhung möglich war, die wiederum die Wolken anhob, das Absorptionsvermögen vergrößerte usw., so daß sich kein stabiler Zustand einstellen konnte.

Eine derartige Instabilität tritt auf, wenn die Solarkonstante über einem kritischen Wert liegt, was für die Venusatmosphäre bezüglich Wasserdampf zutrifft [INGERSOLL 1969]. So können früher möglicherweise vorhandene Ozeane vollständig in die Atmosphäre entwichen sein. Auf ähnliche Weise könnte auch der hohe CO_2-Gehalt der Venusatmosphäre erklärt werden.

Für die Erdatmosphäre haben MANABE und WETHERALD [1967] gezeigt, daß die Solarkonstante bezüglich Wasserdampf unterkritisch ist und stabile Zustände von Temperatur und Wasserdampfgehalt mit einem angenommenen Profil der relativen Feuchte erreicht werden können.

Wegen der Wasserdampfinstabilität der Venusatmosphäre wurde in dieser Arbeit eine feste Wolkenhöhe angenommen und ein zeitlich konstantes Profil des Wasserdampfgehalts. Es wurden verschiedene Wolkeneigenschaften getestet, die offen lassen, welche Zusammensetzung die Wolken haben. Realistische Profile der relativen Feuchte konnten jedoch auf diese Weise nicht erhalten werden.

Der Einfluß einer Wolkenerhöhung auf die Temperatur ist umso größer, je kleiner das Absorptionsvermögen der Atmosphäre ist und je höher die Wolken liegen. Eine "schwarze" Wolkenschicht im Bereich "vollständiger" Absorption der Atmosphäre - für die (CO_2+H_2O)-Atmosphäre mit 115 atm Bodendruck etwa unterhalb 46 km - hätte überhaupt keinen Einfluß auf die Temperatur, da die Atmosphäre hier selbst "schwarz" ist. Eine Erhöhung der Wolkenschicht von 60 auf 64 km bewirkt in einer (CO_2+H_2O)-Atmosphäre z.B. eine Temperaturerhöhung von etwa 10 Grad, am Boden weniger, im Wolkenniveau mehr und in einer CO_2-Atmosphäre mit 115 atm Bodendruck eine Erhöhung um 20 - 30 Grad.

Abb. 23 zeigt den Einfluß einer "schwarzen" Wolkenschicht auf das Temperaturprofil, der sich besonders im Bereich der Wolkenschicht selbst auswirkt. Der Effekt am Boden ist relativ schwach, da die Atmosphäre in diesem Beispiel bis zu einer Höhe von 46 km selbst "schwarz" ist.

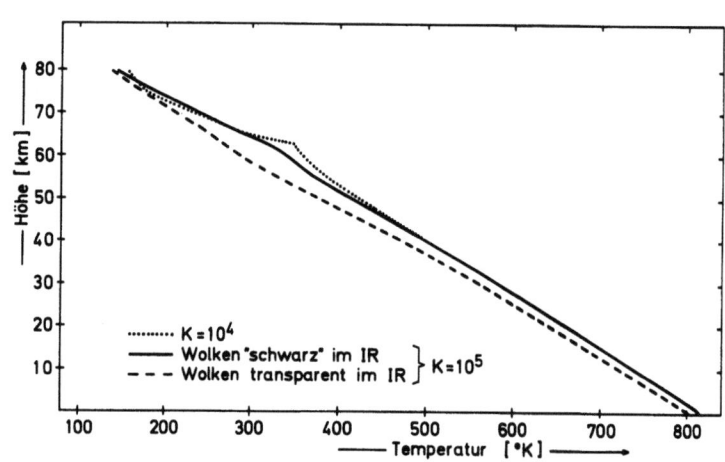

Abb. 23: Temperaturprofile für verschiedene Wolkeneigenschaften und turbulente Diffusionskoeffizienten K (in cm^2/sec)
Wolken in 64 km Höhe; 115 atm Bodendruck; 73 % Albedo; q = 0,1 % H_2O bis 80 km Höhe; Solarkonstante global gemittelt.

Abb. 24 zeigt ein Beispiel für die Vertikalverteilung der Strahlungs- und Wärmeströme und der damit verbundenen Abkühlungs- und Erwärmungsraten für die ($CO_2 + H_2O$)-Atmosphäre der Abb. 23 mit transparenten Wolken im IR. Der Effekt der vergößerten Temperaturänderungen im Wolkenniveau kommt hier allein durch die Absorption von Sonnenstrahlung zustande.

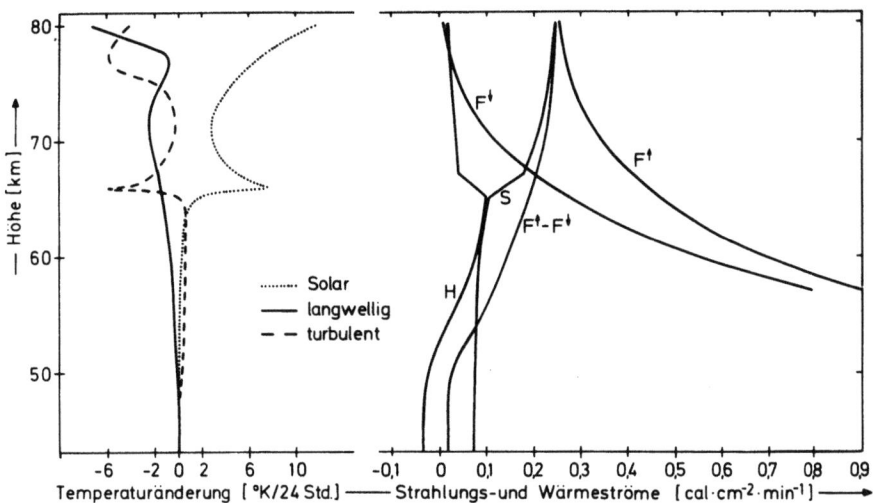

Abb. 24: Vertikalprofile der Strahlungs- und Wärmeströme (H positiv abwärts) sowie zeitlichen Temperaturänderungen (Daten wie bei Abb. 23 mit transparenten Wolken)

7.3 Bodendruck, Diffusionskoeffizient, Albedo, Randbedingungen

Eine Erhöhung des Bodendrucks hat eine Erhöhung der Masse der Atmosphäre und damit der CO_2-Weglänge zur Folge und bewirkt wegen der Druckkorrektur (siehe 4.5) auch eine Vergößerung der H_2O-Weglänge.

Es zeigt sich, daß im Variationsbereich des Bodendrucks von 85 - 115 atm fast unabhängig vom Wasserdampfgehalt der Atmosphäre und der Höhe eine Druckerhöhung am Boden von 15 atm eine Temperaturerhöhung von etwa 10 Grad bewirkt.

Der Einfluß des turbulenten Diffusionskoeffizienten ist vor allem spürbar oberhalb des Wolkenniveaus (Abb. 23). In den unteren Atmosphärenschichten ruft eine Änderung von 10^5 auf 10^4 cm²/sec praktisch keine Temperaturänderung hervor, abgesehen von einer leichten Tendenz zur statischen Stabilisierung. Eine Erhöhung der planetaren Albedo sorgt durch eine verringerte Sonneneinstrahlung für eine Abkühlung der Atmosphäre, die im vorliegenden Modell etwa 3 Grad pro 1 % Albedoerhöhung beträgt - praktisch unabhängig von der Höhe.

Die obere Randbedingung des abwärtsgerichteten langwelligen Strahlungsstromes wurde folgendermaßen gewählt (siehe 5.32):

1. $F_N^\downarrow = 0$
2. $F_N^\downarrow = f(UC_N)$

Fall 1. ergab eine starke Zunahme der "langwelligen Abkühlung" und "solaren Erwärmung" am oberen Rand, so daß Fall 2. untersucht wurde mit der Annahme, daß die CO_2-Atmosphäre oberhalb des Randes keine Änderung ihrer Zusammensetzung erfährt. Die CO_2-Weglänge ergibt sich aus dem Druck am Rand der Atmosphäre; ein Wasserdampfgehalt oberhalb des Randes wurde nicht berücksichtigt.

7.4 Meridionale und tageszeitliche Temperaturunterschiede

Einen Meridianschnitt der über den Venustag gemittelten Temperaturen zeigt Abb. 25. Die Werte bei 80° Breite sind unsicher, da das Rechenverfahren wegen der tiefen Temperaturen am oberen Rand instabil wurde und kein stationärer Zustand erreicht werden konnte. Die gestrichelten Kurven sind aus der positiven Differenz zwischen dem Energiegewinn der Atmosphäre und dem Energieverlust infolge thermischer Strahlung extrapoliert worden. Nach dem Verlauf der Isothermen, die am Pol bei T = 0 konvergieren müssen, sind wahrscheinlich noch tiefere Temperaturen bei 80° zu erwarten.

Wärmetransporte aufgrund von Zirkulationen dürften die meridionalen Temperaturgradienten wesentlich mildern, so daß den Werten der Abb. 25 kein hoher Realitätswert zukommen dürfte.

Abb. 26 zeigt ein Beispiel für einen Tagesgang der Temperatur in verschiedenen Höhen. Die Rechnung beginnt und endet bei Sonnenaufgang. Unterhalb von 40 km verschwindet die Amplitude praktisch völlig, nur der Boden selbst zeigt eine tageszeitliche Variation von etwa 8 Grad. Das Tagesmaximum tritt durchweg in den Nachmittagsstunden auf, wobei eine Verschiebung zu späteren Zeiten von 80 km bis 50 km Höhe sichtbar wird.

Differenzen im Temperaturprofil zwischen 1. und 2. traten nicht ein, lediglich geringere Abkühlungs und Erwärmungsraten am oberen Rand bei Fall 2..

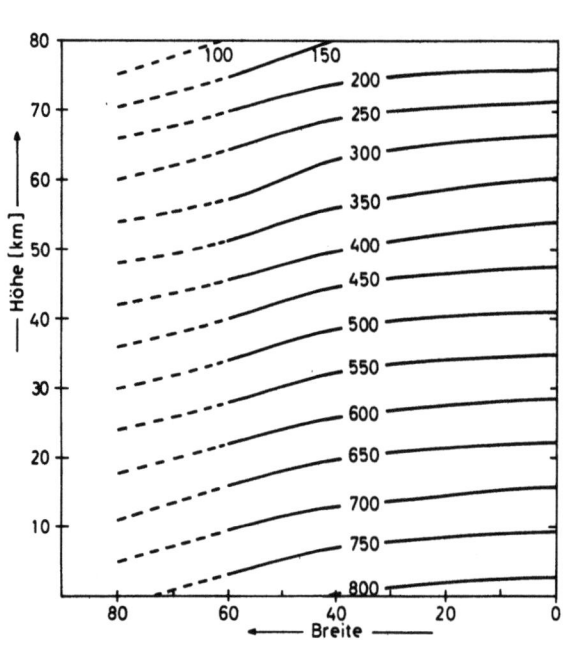

Abb. 25: Meridianschnitt der Temperatur [°K] ($CO_2 + H_2O$)-Atmosphäre: 64 km-Wolken ("schwarz"); 115 atm Bodendruck; 74 % Albedo; q = 0,5 % H_2O bis Wolkenuntergrenze, darüber Abnahme mit 2 km Skalenhöhe (q = 0,009 %, m = $3,7 \cdot 10^{-5}$ in 80 km Höhe).

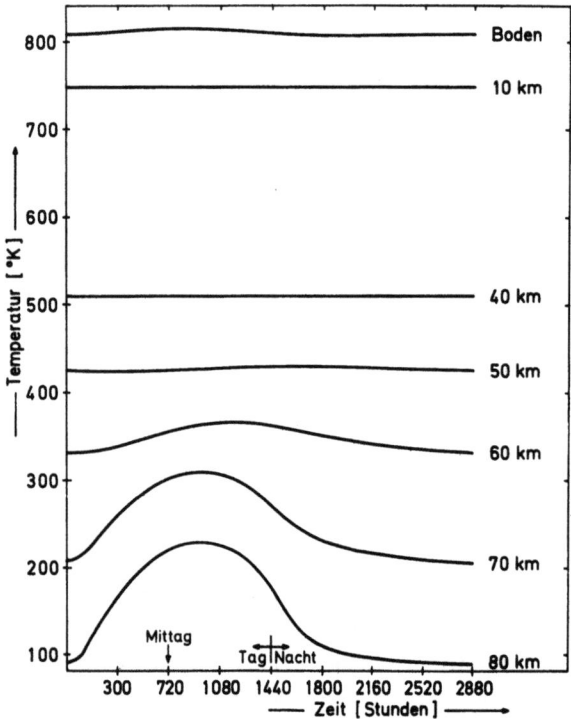

Abb. 26: Tagesgang der Temperatur in verschiedenen Höhen (Daten wie bei Abb. 25 - Äquator).

Das zeigt sich auch deutlich im zeitlichen Gang der Temperaturänderungen in Abb. 27, besonders am Beispiel der totalen Temperaturänderung (unten), wo selbst in den Abendstunden unterhalb 60 km noch eine Erwärmung stattfindet, was auf die nach unten zunehmende thermische Trägheit gegenüber der Sonnenstrahlung (Abb. 13) und den langwelligen Erwärmungseffekt unterhalb der "schwarzen" Wolkenschicht zurückzuführen ist.

Abb. 28 zeigt ebenfalls, daß das Tagesmaximum der Temperatur in 80 km Höhe nicht mit dem Maximum der Sonnenstrahlung zusammenfällt. Die 80 km-Temperatur läuft jedoch praktisch in gleicher Phase mit der langwelligen Emission der Atmosphäre, was kaum verständlich ist, da die Emission der Atmosphäre von der Temperatur der oberen Schichten kaum beeinflußt wird. Abb. 26 zeigt jedoch, daß der Temperaturverlauf in 80 km Höhe wegen der geringen thermischen Zeitkonstante in gleicher Phase mit der Bodentemperatur läuft, was bedeutet, daß die thermische Emission entscheidend durch die Temperatur des Bodens bestimmt wird.

Für die hier errechneten tageszeitlichen Temperaturvariationen gilt ähnlich wie für die meridionalen Temperaturgradienten: Zirkulationen zwischen Tag- und Nachtseite des Planeten werden die durch die Sonnenstrahlung aufgebauten Temperaturunterschiede abschwächen. Neuere Zirkulationsrechnungen von SASAMORI [1970] haben ergeben, daß der Wärmetransport zwischen subsolarem und antisolarem Punkt effektiv genug ist, um alle isobaren Temperaturdifferenzen aufzuheben.

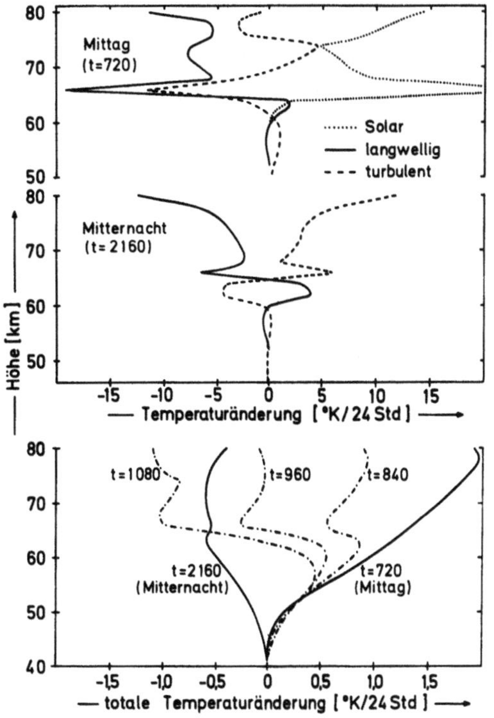

Abb. 27: Vertikalprofil der einzelnen Komponenten der zeitlichen Temperaturänderungen zu verschiedenen Zeitpunkten (oben) sowie zeitlicher Gang der totalen Temperaturänderungen (unten) (Daten wie bei Abb. 25 - Äquator)

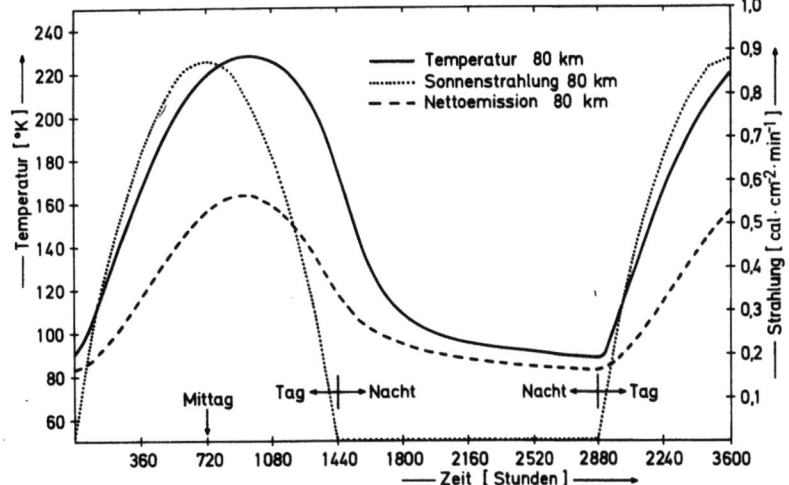

Abb. 28: Zeitlicher Gang von Temperatur, effektiver Sonnenstrahlung und Nettostrahlungsstrom am Außenrand der Modellatmosphäre (Daten wie bei Abb. 25 - Äquator)

8. Vergleich mit anderen Ergebnissen

Ein Vergleich mit anderen Rechnungen ist schwierig, da die Ergebnisse unter verschiedenen Voraussetzungen gewonnen wurden.

Das vorliegende Rechenmodell ist in wesentlichen Punkten auf einem Modell von FABIAN et al.[1968] aufgebaut. Dieses Modell beruht auf Venera 4-Messungen, die auf ein um etwa 25 km zu hohes Bodenniveau bezogen waren. Dadurch ergaben sich falsche Voraussetzungen, wie z.B. ein Bodendruck von nur 18 atm, eine Wolkenhöhe von 34 km; außerdem enthielt die Atmosphäre keinen Wasserdampf, und die Rechnung wurde durch ein energetisch nicht korrektes "convective adjustment" verfälscht. Die Ergebnisse liegen um etwa 50 Grad unter den im vorliegenden Modell für die CO_2-Atmosphäre errechneten.

Eine weitere Rechnung existiert von OHRING [1969], allerdings ebenfalls für zu niedrige Bodendrucke. Außerdem wurde nur die Bodentemperatur unter der Voraussetzung einer adiabatischen Troposphäre bis zur Tropopause bei 0,2 atm und einer isothermen Stratosphäre iterativ aus der Energiebilanz am oberen Rand des Modells gewonnen. Mit einer CO_2-Atmosphäre, einem Wasserdampf-Mischungsverhältnis von 10^{-4} g/g und einem Bodendruck von 65 atm erhielt OHRING eine global gemittelte Temperatur von 600 °K.

SAMUELSON [1968] errechnete in einer absorbierende Partikel enthaltenden Atmosphäre einen Äquatorwert von etwa 500 °K.

Leichter ist ein Vergleich mit direkten Messungen. Abb. 29 zeigt eine Reihe von errechneten Profilen (ausgezogene Kurven) im Vergleich zu einem Modell (gestrichelt), das AVDUEVSKY et al. [1970] nach Messungen von Venera 5 und 6 sowie Mariner 5 konstruiert haben. Der durch Messungen belegte Bereich liegt zwischen 20 und 57 km Höhe. Außerdem existiert ein Mariner 5-Meßpunkt bei etwa 70 km.

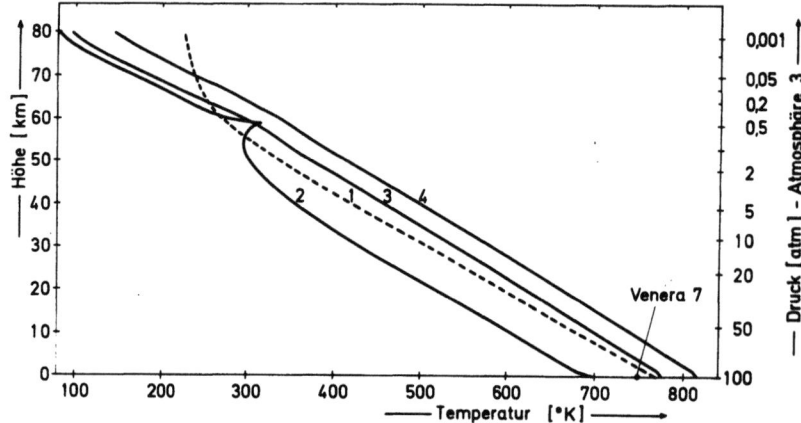

Abb. 29: Vergleich von Vertikalprofilen der Temperatur zwischen einem Modell aufgrund von Messungen (1) und Rechnungen mit global gemittelter Solarkonstanten (2, 3, 4)

1: Modell nach Venera 5 und 6 sowie Mariner 5-Messungen von AVDUEVSKY et al. [1970]
2: CO_2-Atmosphäre: "schwarze" Wolken im Langwelligen in 60 km Höhe; 100 atm Bodendruck; 73 % Albedo
3: $(CO_2 + H_2O)$-Atmosphäre: "schwarze" Wolken im Langwelligen in 60 km Höhe; 100 atm Bodendruck; 75 % Albedo; q = 0,5 % H_2O bis Wolkenuntergrenze, darüber Abnahme bis 0,067 % (Mischungsverhältnis $2,7 \cdot 10^{-4}$) in 68 km Höhe, darüber konstant
4: $CO_2 + 0,1$ % H_2O bis 80 km Höhe; "schwarze" Wolken im Langwelligen in 64 km Höhe; 115 atm Bodendruck; 73 % Albedo.

Der Temperaturverlauf bis zum Boden wurde durch adiabatische Extrapolation gewonnen. Ein Bodenwert liegt vor seit der weichen Landung von Venera 7 am 15. 12. 1970. Nach einer noch unbestätigten TASS-Meldung liegt die Temperatur am Boden bei 748 °K und der Druck bei 90 atm. Betrachtet man diese Werte als reell, so ergibt sich zusammen mit den gemessenen Werten zwischen 20 und 57 km eine leicht unteradiabatische untere Atmosphäre, so daß man kaum mit einer starken Konvektion rechnen kann.

Reduziert man die errechneten Profile in Abb. 29 auf den wahrscheinlichen Bodendruck von 90 atm und auf den wahrscheinlichsten Albedowert von 77 %, so kann man - auch unter Berücksichtigung der Fehlergrenzen - sagen, daß zur Erklärung des beobachteten Temperaturprofils der Atmosphäre unterhalb der Wolken ein Wasserdampfgehalt der hier verwendeten Größenordnung notwendig ist. Mit einer reinen CO_2-Atmosphäre sind die beobachteten Temperaturen nicht zu erklären.

Eine größere Diskrepanz zwischen Rechnung und Beobachtung besteht in der oberen Atmosphäre.

In der Rechnung wurde ein turbulenter Diffusionskoeffizient von $K = 10^5 \, cm^2/sec$ angenommen, der wahrscheinlich eine zu starke Anpassung an ein adiabatisches Temperaturprofil erzwingt. Eine Verringerung von K auf $10^4 \, cm^2/sec$ verursacht eine Abnahme des Temperaturgradienten oberhalb etwa 70 km (Abb. 23). Eine weitere Verringerung von K würde das Temperaturprofil in Richtung auf ein Strahlungsgleichgewichtsprofil verändern. Systematische Variation von K und Erweiterung des Modells auf 100 km könnten hier Klarheit bringen.

9. Allgemeine Zirkulation der Venusatmosphäre

Für die Untersuchung der allgemeinen Zirkulation der Venusatmosphäre ist die Vertikalverteilung der Sonnenstrahlungsabsorption von entscheidender Bedeutung.

Venus rotiert sehr langsam, so daß man wegen der geringen Corioliskraft eine Hadley-Zirkulation zwischen den Wärmequellen und -senken annehmen kann. Für eine solche Hadley-Zirkulation gibt es zwei Möglichkeiten:

1. Die Sonnenenergie wird bereits vollständig in den Wolken absorbiert.

GOODY und ROBINSON [1966] ermittelten für diesen Fall eine intensive Zirkulation oberhalb der Wolken zwischen Tag- und Nachtseite mit aufsteigender Luft am subsolaren und absinkender am antisolaren Punkt. Die Zirkulation reichte allerdings nicht sehr tief in den Bereich unterhalb der Wolken, so daß der größte Teil der unteren Atmosphäre im Ruhezustand blieb.

Ein verbessertes Modell unter Berücksichtigung von Sonnenstrahlungsabsorption und langwelliger Emission der Atmosphäre entwickelte SASAMORI [1970]. Er erhielt eine intensive Zirkulationszelle oberhalb und eine wesentlich schwächere unterhalb der Wolken zwischen Tag- und Nachtseite mit Luftbewegungen von nur einigen cm/sec am Boden. Die Zirkulation ist jedoch intensiv genug, um alle meridionalen und tageszeitlichen Temperaturunterschiede verschwinden zu lassen.

2. Die Sonnenstrahlung wird hauptsächlich an der Venusoberfläche absorbiert.

Damit treten tageszeitliche Variationen der Temperatur vorwiegend am Boden auf. Wegen der großen thermischen Trägheit der unteren Atmosphäre wird jedoch die Temperaturänderung der unteren Schichten klein sein, so daß sich trotz der Länge des Venustages Temperaturgradienten vor allem zwischen Äquator und Pol aufbauen können, wodurch sich eine meridionale Zirkulation einstellen wird.

Die Ergebnisse dieser Arbeit legen die Annahme einer Überlagerung beider Zirkulationsäste nahe. Die tägliche Temperaturschwankung der oberen Atmosphäre ist groß genug (Abb. 26), um eine Tag-Nachtseiten-Zirkulation in Gang zu setzen. Andererseits kann sich aufgrund der errechneten Äquator-Pol-Gradienten (Abb. 25) eine meridionale Zirkulation einstellen. Welcher der beiden Zirkulationsäste überwiegt, hängt davon ab, mit welcher Zeitkonstanten der durch Tag-Nachtseiten-Zirkulation erzeugte Wärmetransport und der meridionale Temperaturgradienten aufbauende Effekt der Sonnenstrahlung ablaufen. Da die Zeitkonstante des letzteren in den Bodenschichten extrem hoch ist, kann man erwarten - auch nach den Ergebnissen von SASAMORI -, daß die Tag-Nachtseiten-Zirkulation dominierend sein wird.

Für die hohe Atmosphäre von Venus kommt noch ein weiterer Aspekt hinzu. Nach Untersuchungen von SCHUBERT und YOUNG [1970] kann eine periodische Bewegung einer Wärmequelle - hervorgerufen z.B. durch die langsame Rotation von Venus - eine intensive Strömung in die entgegengesetzte Richtung erzeugen. Damit könnte auch die zonale 4-Tage-Zirkulation der hohen Venusatmosphäre erklärt werden, die durch spektroskopische UV-Messungen beobachtet wird.

10. Zusammenfassung

Die Berechnung der vertikalen Temperaturverteilung der Venusatmosphäre bis 80 km Höhe wurde als zeitabhängiges Problem in einem Rechenmodell behandelt.

Ein stationärer Zustand des vertikalen Temperaturprofils ergab sich durch numerische Zeitintegration aus einer beliebigen Anfangsverteilung der Temperatur und einigen vorauszusetzenden atmosphärischen Parametern, wie Bodendruck, Albedo usw. Die zeitliche Temperaturänderung wurde aus der Vertikaldivergenz des solaren Strahlungsstroms, der thermischen Emission des Atmosphäre-Boden-Systems und des vertikalen Wärmetransports berechnet, wobei in der Strahlungsrechnung die Absorptionsbanden vom nahen bis fernen Infrarot von Kohlendioxid und Wasserdampf sowie die Wolkenabsorption in parametrisierter Form berücksichtigt wurden.

Es wurden eine Reihe von Profilen in Abhängigkeit vom Wasserdampfgehalt, der Wolkenhöhe und -beschaffenheit, des Bodendrucks, des turbulenten Diffusionskoeffizienten, der planetaren Albedo sowie von Breite und Tageszeit durchgeführt.

Es zeigte sich, daß die unteren Schichten einer reinen CO_2-Atmosphäre konvektiv sind und damit ein adiabatisches Temperaturprofil haben, während das praktisch adiabatische Profil in einer ($CO_2 + H_2O$)-Atmosphäre mit hoher Sonnenstrahlungsabsorption auf einen abwärtsgerichteten turbulenten Wärmetransport zurückzuführen ist.

Ein Vergleich mit direkten Messungen zeigt, daß mit hoher Wahrscheinlichkeit in der Atmosphäre unterhalb der Wolken (etwa 60 km) Wasserdampf vorhanden ist. Ein Mischungsverhältnis von etwa 10^{-4} g H_2O/g Luft dürfte zur Erklärung des beobachteten Temperaturprofils ausreichen. Der Einfluß einer im IR "schwarzen" Wolkenschicht auf die Temperatur in Bodennähe ist in einer Wasserdampf enthaltenden Atmosphäre gering.

Aus den meridionalen und tageszeitlichen Temperaturunterschieden sowie aus der Vertikalverteilung der Sonnenstrahlungsabsorption geht hervor, daß sich unterhalb 80 km Höhe wahrscheinlich eine Tag-Nachtseiten-Zirkulation einstellen wird.

Summary

Vertical temperature profiles of the Venus atmosphere up to 80 km height were calculated in a time dependent model. A steady state of the atmospheric profiles was reached by numerical intergration from an arbitrary initial distribution of temperature by assuming some atmospheric parameters as surface pressure, planetary albedo etc. The time-rate-of-change of temperature was determined by the vertical divergence of the following fluxes: solar insolation, net infrared radiation of the atmosphere and the ground surface, and sensible heat. The radiation calculation was based on the absorption bands of carbon dioxide and water vapor from the near to the far infrared region of the spectrum. Absorption by clouds was taken into account in parameterized form.

Atmospheric profiles were calculated as a function of water vapor content, height and absorptivity of the cloud layer, surface pressure, eddy diffusion coefficient, planetary albedo, latitude, and time of day. It appeared, that the lower layers of a pure carbon dioxide atmosphere are convective with an adiabatic lapse rate of temperature. The lapse rate of a carbon dioxide atmosphere with some additional water vapor and thus strong absorption of solar energy is practically adiabatic due to the downward transport of sensible heat. Comparison with direct measurements indicates that the atmosphere below the cloud level is likely to contain water vapor. A mixing ratio of 10^{-4} is sufficient to explain the observed temperature profile. Assuming the cloud layer to be a blackbody for infrared radiation the increase in ground surface temperature is small in an atmosphere containing water vapor. From the computed meridional and time-of-day variations of temperature and the vertical distribution of solar flux in the atmosphere it is inferred that the atmospheric circulation on Venus below 80 km height is driven by differential heating between the subsolar and antisolar points.

Die für die vorliegende Arbeit notwendigen Rechnungen wurden auf dem Computer des "National Center for Atmospheric Research" in Boulder/Colorado, USA, durchgeführt. Für diese Möglichkeit sowie für intensive Vorarbeiten, zahlreiche Diskussionen und Anregungen danke ich den Herren Dr. P. Fabian, Dr. A. Kasahara und Dr. T. Sasamori. Ganz besonderer Dank gilt Herrn Dr. P. Fabian für die präzise Themenstellung und Hilfe sowie Herrn Professor Dr. G. Fischer für seine Betreuung der Arbeit und wertvollen Ratschläge.

11. Symbole und Abkürzungen

A	Gesamtabsorption
A_ν	spektrale Absorption
AE	Astronomische Einheit
AS, AF, AF^*	normierte Absorptionsfunktionen
AS_c, AF_c, AF_c^*	CO_2-Absorptionsfunktionen
AS_{cw}, AF_{cw}, AF_{cw}^*	$(CO_2 + H_2O)$-Absorptionsfunktionen
a_ν	spektrales Absorptionsvermögen
B_ν	spektraler Strahlungsstrom des schwarzen Körpers
C_D	Reibungskoeffizient
c	Lichtgeschwindigkeit
c_1, c_2	Plancksche Konstanten
c_p	spezifische Wärme bei konstantem Druck
E	Wasserdampf-Sättigungsdruck
E_ν	spektrale Intensität der Emission des schwarzen Körpers
e	Partialdruck
erf	Wahrscheinlichkeitsintegral
F, $F^\uparrow$, $F^\downarrow$	Strahlungsströme
FN	Nettostrahlungsstrom
g	Schwerebeschleunigung
H	vertikaler Wärmetransport
h	Plancksches Wirkungsquantum
I	Gesamtintensität
I_ν	spektrale Intensität
K	turbulenter Diffusionskoeffizient
k	Absorptionskoeffizient, Intensität der Absorptionslinien, Boltzmannkonstante
L	verallgemeinerter Absorptionskoeffizient
M	Masse
m	Wasserdampf-Mischungsverhältnis
N	Index für oberen Rand der Modellatmosphäre
p, P	Druck
q	Wasserdampfgehalt in Volumenprozent

R	Absorptionsfunktion
R_c	Gaskonstante (Venusatmosphäre - CO_2)
R_V	mittlerer Abstand Sonne - Venus
r	relative Feuchte
$S^{\downarrow}, S^{\uparrow}, S$	Sonnenstrahlung, effektive Sonnenstrahlung
S_o	Solarkonstante
S_E, S_V	Solarkonstante von Erde bzw. Venus
S_e	effektive Solarkonstante
T	Temperatur in °K
TC	Temperaturkorrektur
t	Zeit, Temperatur in °C
UC	CO_2-Weglänge in cm bei Standardbedingungen
UW	H_2O-Weglänge in g/cm² Niederschlagswasser
UCW	effektive Weglänge
$u, \hat{u}, \tilde{u}, u^*$	Weglängen
V_o	Windgeschwindigkeit an der Oberfläche
x	Absorptions-Druckkorrekturparameter
z	Höhenkoordinate
α	Halbwertsbreite der Absorptionslinien
α_ν	spektrale Absorption
Γ	adiabatischer Temperaturgradient
Δt	Zeitschritt
Δz	Höheninkrement
δ	Abstand zwischen Absorptionslinien
ϵ_ν	spektrale Emission
ζ	Zenitdistanz
$\varkappa$	Poissonkonstante
μ	Wellenlängeneinheit
ν	Wellenzahl in cm^{-1}
ρ	Dichte
σ	Stefan-Boltzmann-Konstante
τ	Transmission
τ_c	thermische Zeitkonstante
φ	Breite

Literaturverzeichnis

AVDUEVSKY, V.S., N.F. BORODIN, V.V. KUZNETSOV, M.Ya. MAROV:
Temperature, pressure, and density of Venus atmosphere according to measurement data of the AIS Venera-4. - Doklady A.N. SSSR, Astronomiya, $\underline{179}$, No. 2, 310-313, Izdatel'stvo NAUKA (NASA-Übersetzung ST-LPS-PA-10708), 1968.

AVDUEVSKY, V.S., M.Ya. MAROV, M.K. ROZHDESTVENSKY:
A tentative model of the Venus atmosphere based on the measurements of Veneras 5 and 6. - J. Atm. Sci., $\underline{27}$, 561-568, 1970.

AVDUEVSKY, V.S., M.Ya. MAROV, A.I. NOYKINA, V.I. POLEZHAEV, F.S. ZAVELEVICH:
Heat transfer in the Venus atmosphere. - J. Atm. Sci., $\underline{27}$, 569-579, 1970.

BELTON, M.J.S., D.M. HUNTEN, R.M. GOODY:
Quantitative spectroscopy of Venus in the region 8000-11000 Å. - In: "The atmospheres of Venus and Mars", Herausgeber: J. Brandt und M. McElroy, 69-98, Gordon and Breach, New York - London - Paris, 1968.

DANARD, M.B.:
A simple method of including longwave radiation in a tropospheric numerical prediction model. - Mon. Weather Rev., $\underline{97}$, 77-85, 1969.

DANIELSEN, R.E., D.R. MOORE, H.C. van de HULST:
The transfer of visible radiation through clouds. - J. Atm. Sci., $\underline{26}$, 1078-1087, 1969.

DEARDORFF, J.:
The counter-gradient heat flux in the lower atmosphere and in the laboratory. - J. Atm. Sci., $\underline{23}$, 503-506, 1966.

ELSASSER, W.M.:
Heat transfer by infrared radiation in the atmosphere. - Harvard Meteorological Studies No. 6, Harvard University Press, 1942.

ELSASSER, W.M., M.F. CULBERTSON:
Atmospheric radiation tables. - Meteor. Monogr., $\underline{4}$, No. 23, 1960.

FABIAN, P., T. SASAMORI, A. KASAHARA:
Radiative convective equilibrium temperature calculations of the Venus atmosphere. - NCAR Manuscript 68-209a, National Center for Atmospheric Research, Boulder, Colorado 80302, 1968.

FUKUTA, N., T.L. WANG, W.F. LIBBY:
Ice nucleation in a Venus atmosphere. - J. Atm. Sci., $\underline{26}$, 1142-1145, 1969.

GALE, W.A., A.C.E. SINCLAIR: Polar temperature of Venus. - Science, $\underline{165}$, 1356-1357, 1969.

GIERASCH, P., R.M. GOODY: Models of the Venus clouds. - J. Atm. Sci., $\underline{27}$, 224-245, 1970.

GOODY, R.M.: Atmospheric radiation. - $\underline{I}$, Theoretical basis, Oxford Monogr. Meteor., Oxford, Clarendon Press, 1964.

GOODY, R.M., A.R. ROBINSON: A discussion of deep circulation of the atmosphere of Venus. - Astrophys. J., $\underline{146}$, 339-353, 1966.

HALTINER, G.J., F.L. MARTIN: Dynamical and physical meteorology. - McGraw-Hill, New York - Toronto - London, 1957.

HESS, S.L.: The hydrodynamics of Mars and Venus. - In: "The atmospheres of Venus and Mars", Herausgeber: J. Brandt, M. McElroy, 109-131, Gordon and Breach, New York - London - Paris, 1968.

HOWARD, J.N., D.E. BURCH, D. WILLIAMS:
Infrared transmission of synthetic atmospheres. - J. Opt. Soc. Amer., $\underline{46}$, 186-190, 237-245, 334-338, 452-455, 1956.

HUNTEN, D.M., R.M. GOODY: Venus: The next phase of planetary exploration. - Science, $\underline{165}$, No. 3900, 1317-1323, 1969.

INGERSOLL, A.P.:	The runaway greenhouse: A history of water on Venus. - J. Atm. Sci., 26, 1191-1198, 1969.
IRVINE, W.M.:	Monochromatic phase curve and albedos for Venus. - J. Atm. Sci., 25, 610-616, 1968.
JOHNSON, F.S.:	The solar constant. - J. Meteor., 11, 431-439, 1954.
KLIORE, A., D.L. CAIN:	Mariner 5 and the radius of Venus. - J. Atm. Sci., 25, 549-554, 1968.
KLIORE, A., D.L. CAIN, G.S. LEVY, G. FJELDBO, S.I. RASOOL:	Structure of the atmosphere of Venus derived from Mariner V S-band measurements. - In: "Space Research IX, Proceedings of the eleventh plenary meeting of COSPAR, Tokyo 1968", 1969.
KOENIG, L.R., F.W. MURRAY, C.M. MICHAUX, H.A. HYATT:	Handbook of the physical properties of the planet Venus. NASA SP-3029, 1967.
LEWIS, J.S.:	Composition and structure of the clouds of Venus. - Astrophys. J., 152, L 79-L 83, 1968.
MALKUS, W.V.R.:	Hadley-Halley circulation on Venus. - J. Atm. Sci., 27, 529-535, 1970.
MANABE, S., R.F. STRICKLER:	Thermal equilibrium of the atmosphere with a convective adjustment. - J. Atm. Sci., 21, 361-385, 1964.
MANABE, S., R.T. WETHERALD:	Thermal equilibrium of the atmosphere with a given distribution of relative humidity. - J. Atm. Sci., 24, 241-259, 1967.
MARTIN, F.L., J.B. TUPAZ:	A numerical procedure for the computation of outgoing terrestrial flux based upon the Elsasser-Culbertson model with tests applied to model-atmosphere soundings. - Mon. Weather Rev., 96, 416-427, 1968.
OHRING, G.:	High surface temperature on Venus: Evaluation of the greenhouse explanation. - Icarus, 11, 171-179, 1969.
PALMER, C.H.:	Experimental transmission functions for the pure rotation band of water vapor. - J. Opt. Soc. Amer., 50, No. 12, 1232-1242, 1960.
PLASS, G.N.:	Models for spectral band absorption. - J. Opt. Soc. Amer., 48, 690-703, 1958.
PLASS, G.N., V.R. STULL:	Carbon dioxide absorption for path lengths applicable to the atmosphere of Venus. - Techn. Report, Publication No. U-1844, Aeronutronic Division, Ford Motor Co., 1962.
POLLACK, J.B., A.T. WOOD:	Venus: Implications from microwave spectroscopy of the atmospheric content of water vapor. - Science, 161, 1125-1127, 1968.
POTTER, J.F.:	Effect of cloud scattering on line formation in the atmosphere of Venus. - J. Atm. Sci., 26, 511-517, 1969.
PRIESTLEY, C.H.B.:	Turbulent transfer in the lower atmosphere. - Chicago University Press, 1959.
ROACH, W.T.:	The absorption of solar radiation by water vapour and carbon dioxide in a cloudless atmosphere. - Quart. J. Roy. Meteor. Soc., 87, 364-373, 1961.
RODGERS, C.D., C.D. WALSHAW:	The computation of infra-red cooling rate in planetary atmospheres. - Quart. J. Roy. Meteor. Soc., 92, 67-92, 1966.
SAMUELSON, R.E.:	Greenhouse effect in semi-infinite scattering atmospheres: Application to Venus. - Astrophys. J., 147, 782-798, 1967.
SASAMORI, T.:	The radiative cooling calculation for application to general circulation experiments. - NCAR-Manuscript No. 68-37, National Center for Atmospheric Research, Boulder, Colorado 80302, 1968.
SASAMORI, T.:	Numerical study of bipolar circulation of Venus atmosphere. - (in Vorbereitung), 1970.

SCHUBERT, G., R.E. YOUNG: The 4-day Venus circulation driven by periodic thermal forces. - J. Atm. Sci., $\underline{27}$, 523-528, 1970.

STALEY, D.O.: The adiabatic lapse rate in the Venus atmosphere. - J. Atm. Sci., $\underline{27}$, 219-223, 1970.

STONE, H.M., S. MANABE: Comparison among various numerical models designed for computing infrared cooling. - Mon. Weather Rev., $\underline{96}$, 735-741, 1968.

STULL, V.R., P.J. WYATT, G.N. PLASS: The infrared absorption of carbon dioxide. - Infrared transmission studies, Final Rept., SSD-TDR-62-127- $\underline{III}$, Aeronutronic Division, Ford Motor Co., 1963.

THOMPSON, R.: Venus's general circulation is a merry-go-round. - J. Atm. Sci., $\underline{27}$, 1107-1116, 1970.

VINOGRADOV, A.P., Yu.A. SURKOV, K.P. FLORENSKY, B.M. ANDREICHIKOV: Determination of chemical composition of the atmosphere of Venus by the interplanetary station "Venera-4". - Doklady A.N. SSSR, Astronomiya, 179, No. 1, 37-40 (NASA-Übersetzung ST-LPS-ACH-10699), 1968.

VINOGRADOV, A.P., Yu.A. SURKOV, B.M. ANDREICHIKOV: Research in the composition of the atmosphere of Venus aboard automatic stations "Venera-5" and "Venera-6". - Soviet Physics-Doklady, $\underline{15}$, No. 1, 4-6, 1970.

WOOD, A.T., R.B. WATTSON, J.B. POLLACK: Venus: Estimates of the surface temperature and pressure from radio and radar measurements. - Science, $\underline{162}$, 114-116, 1968.

WYATT, P.J., V.R. STULL, G.N. PLASS: The infrared absorption of water vapor. - Infrared transmission studies, Final Rept., SSD-TDR-62-127- $\underline{II}$, Aeronutronic Division, Ford Motor Co., 1962.

YAMAMOTO, G.: Direct absorption of solar radiation by atmospheric water vapor, carbon dioxide and molecular oxygen. - J. Atm. Sci., $\underline{19}$, 182-188, 1962.

**Verzeichnis der Mitteilungen aus dem Max-Planck-Institut
für Physik der Stratosphäre**

Nr. 1/1953   Über den Beitrag der von μ-Mesonen angestoßenen Elektronen zu den Ultrastrahlungsschauern unter Blei. G. Pfotzer

Nr. 2/1954   Ein Zählrohrkoinzidenzgerät zur Registrierung der kosmischen Ultrastrahlung. A. Ehmert

Eine einfache Methode zur Einstellung und Fixierung des Expansionsverhältnisses von Nebelkammern. G. Pfotzer

Nr. 3/1954   Optische Interferenzen an dünnen, bei -190°C kondensierten Eisschichten. Erich Regener (vergriffen)

Nr. 4/1955   Über die Messung der Temperatur des atmosphärischen Ozons mit Hilfe der Huggins-Banden. H. Zschörner und H. K. Paetzold

Nr. 5/1956   Ein neuer Ausbruch solarer Ultrastrahlung am 23. Februar 1956. A. Ehmert und G. Pfotzer, vergriffen (erschienen Z. Naturforschung 11a, 322, 1956)

Nr. 6/1956   Das Abklingen der solaren Ultrastrahlung beim Ausbruch am 23. Februar 1956 und die geomagnetischen Einfallsbedingungen. A. Ehmert und G. Pfotzer

Nr. 7/1956   Die Impulsverteilung der solaren Ultrastrahlung in der Abklingphase des Strahlungseinbruches am 23. Februar 1956. G. Pfotzer

Nr. 8/1956   Die atmosphärischen Störungen und ihre Anwendung zur Untersuchung der unteren Ionosphäre. K. Revellio

Nr. 9/1956   Solare Ultrastrahlung als Sonde für das Magnetfeld der Erde in großer Entfernung. G. Pfotzer

*

Die vorstehenden Hefte können beim Max-Planck-Institut für Aeronomie, 3411 Lindau angefordert werden.

Mitteilungen aus dem Max-Planck-Institut für Aeronomie

Nr. 1 (S) 1959 Waibel: Messungen von Primärteilchen der kosmischen Strahlung.

Nr. 2 (S) 1959 Erbe: Auswirkung der Variationen der primären kosmischen Strahlung auf die Mesonen- und Nukleonenkomponente am Erdboden.

Nr. 3 (I) 1960 Kohl: Bewegung der F-Schicht der Ionosphäre bei erdmagnetischen Bai-Störungen.

Nr. 4 (I) 1960 Becker: Tables of ordinary and extraordinary refractive indices, group refractive indices and $h'_{o,x}(f)$-curves or standard ionospheric layer models.

Nr. 5 (S) 1961 Schröpl: Über eine Neubestimmung des Absorptionskoeffizienten von Ozon im Ultraviolett bei kleinen Konzentrationen.

Nr. 6 (S) 1961 Erbe: Ergebnisse der Ballonaufstiege zur Messung der kosmischen Strahlung in Weissenau und Lindau.

Nr. 7 (S) 1962 Meyer: Elektromagnetische Induktion eines vertikalen magnetischen Dipols über einem leitenden homogenen Halbraum.

Nr. 8 (I u. S) 1962 Dieminger und Mitarb.: Die geophysikalischen Ereignisse des 12. - 14. November 1960.

Nr. 9 (S) 1962 Pfotzer, Ehmert, and Keppler: Time Pattern of Ionizing Radiation in Balloon Altitudes in High Latitudes. Part A, Text; Part B, Figures and Diagrams.

Nr. 10 (S) 1963 Waibel: Eine Ballonsonde zur Messung von Röntgenstrahlung und solarer Ultrastrahlung.

Nr. 11 (S) 1963 Voelker: Zur Breitenabhängigkeit erdmagnetischer Pulsationen.

Nr. 12 (S) 1963 Jaeschke: Registrierung von Pulsationen im südlichen Niedersachsen als Beitrag zur erdmagnetischen Tiefensondierung.

Nr. 13 (S) 1963 Meyer: Elektromagnetische Induktion in einem leitenden homogenen Zylinder durch äußere magnetische und elektrische Wechselfelder.

Nr. 14 (S) 1964 Kremser: Über den Zusammenhang zwischen Röntgenstrahlungs-Ausbrüchen in der Polarlichtzone und bayartigen erdmagnetischen Störungen.

Nr. 15 (S) 1964 Keppler: Messung von Röntgenstrahlung und solaren Protonen mit Ballongeräten in der Nordlichtzone.

Nr. 16 (S) 1964 Kirsch: Die Anisotropien der kosmischen Strahlung.

Nr. 17 (S) 1964 Guilino: Ausbau eines Wechsellichtmonochromators und seine Anwendung zur Messung des Luftleuchtens während der Dämmerung und in der Nacht.

Nr. 18 (S) 1965 Pfotzer and Ehmert: Measurements of High Energetic Auroral Radiations with Balloon-Borne Detectors in 1962 and 1963 Part A to C, Text; Part D, Figures and Diagrams.

Nr. 19 (I) 1965 Hartmann: Bestimmung wichtiger Satellitenpositionen mit Hilfe graphischer Darstellungen.

Nr. 20 (S) 1965 Keppler: Über die Eigenschaften von Zählrohren und Ionisationskammern in verschiedenartigen Strahlungsfeldern. - Zur Interpretation von Röntgenstrahlungsmessungen in Ballonhöhe in der Nordlichtzone.

Nr. 21 (S) 1965 Siebert: Zur Theorie erdmagnetischer Pulsationen mit breitenabhängigen Perioden.

Nr. 22 (S) 1965 Meyer: Zur 27 täglichen Wiederholungsneigung der erdmagnetischen Aktivität, erschlossen aus den täglichen Charakterzahlen C 8 von 1884-1964.

Nr. 23 (S) 1965 Frisius: Über die Bestimmung von Längstwellen - Ausbreitungsparametern aus Feldstärkemessungen am Erdboden.

Nr. 24 (I) 1965 Ma: Einfluß der erdmagnetischen Unruhe auf den brauchbaren Frequenzbereich im Kurzwellen-Weitverkehr am Rande der Nordlichtzone.

Nr. 25 (S) 1965 Kremser, Keppler, Bewersdorff, Saeger, Ehmert, Pfotzer, Riedler, Legrand: X - Ray Measurements in the Auroral Zone from July to October 1964.

Nr. 26 (I) 1966 Stubbe: Theoretische Beschreibung des Verhaltens der nächtlichen F - Schicht.

Nr. 27 (S) 1966 Wilhelm: Registrierung und Analyse erdmagnetischer Pulsationen der Polarlichtzone, sowie ein Vergleich mit Bremsstrahlungsmessungen.

Nr. 28 (S) 1967 Fabian: Über eine neue Ozonradiosonde und Untersuchung von Lufttransporten in der unteren Stratosphäre.

Nr. 29 (S) 1967 Specht: Über die Absorptions- und Emissionsstrahlung der atmosphärischen Ozonschicht bei der Wellenlänge 9,6 μ.

Nr. 30 (I) 1967 Rose und Widdel: Ein Meßgerät zur Bestimmung der Strömungsgeschwindigkeit in kurzen Rohren (Ionenzählern) bei niedrigem Gasdruck.

Nr. 31 (I) 1967 Hartmann: Die Amplitudenregistrierungen des Satelliten Explorer 22, unter besonderer Berücksichtigung der Effekte, die bei Elevationswinkeln kleiner als 45° auftreten.

Nr. 32 (I) 1967 Rüster: Lösung von Bewegungsgleichungen und Kontinuitätsgleichung der F - Schicht mit speziellen Anwendungen auf erdmagnetische Baistörungen.

Nr. 33 (S) 1968 Müller: Zur Modulation der kosmischen Strahlung.

Nr. 34 (S) 1968 Münch: Statistische Frequenzanalyse von erdmagnetischen Pulsationen.

Nr. 35 (S) 1968 Schreiber: Das Magnetfeld des Ringstroms während der Hauptphase erdmagnetischer Stürme und ein Vergleich mit dem beobachteten D_{st}-Anteil des Störfeldes.

Nr. 36 (I) 1968 Elling: Spezielle Näherungsformeln der Appleton-Hartree-Gleichungen zur Interpretation der Absorption einer Mittelwellenausbreitung im nächtlichen E-Gebiet der Ionosphäre.

Nr. 37 (I) 1968 Jones: Application of the Geometrical Theory of Diffraction to Terrestrial LF Radio Wave Propagation.

Nr. 38 (S) 1969 Zürn: Zum weltweiten Auftreten erdmagnetischer Pulsationen vom Typ pc 4.

Nr. 39 (S) 1969 Tiefenau: Untersuchungen an Kanal-Elektronen-Vervielfachern.

Nr. 40 (S) 1970: Sonderheft zum 60. Geburtstag von Herrn Prof. Dr.-Ing. G. Pfotzer am 29. November 1969 und Herrn Prof. Dr.-Ing. A. Ehmert am 6. März 1970.

Nr. 41 (S) 1970 Stratmann: Berechnung des Wellenfeldes eines Längstwellensenders im Entfernungsbereich bis 1000 km zur kontinuierlichen Sondierung der tiefen Ionosphäre durch Feldstärkemessungen in geeigneten Entfernungen vom Sender.

Nr. 42 (S) 1970 Pruchniewicz: Über ein Ozon-Registriergerät und Untersuchung der zeitlichen und räumlichen Variationen des Troposphärischen Ozons auf der Nordhalbkugel der Erde.

Nr. 43 (S) 1970 Richter: Über eine Ballonsonde für Polarlichtmessungen und über den Vergleich von Polarlichtemissionen, Röntgenstrahlen und ionosphärischen Absorptionen.

Nr. 44 (S) 1970 Niapour: Untersuchungen über die mittlere Multiplizität der Verdampfungsneutronen als Maß für die Veränderungen des Energiespektrums der kosmischen Strahlung.

Nr. 45 (S) 1971 Tiefenau: Messungen von Ozonprofilen über dem Meer und Bestimmung des Ozonflusses in die Meeresoberfläche sowie der spezifischen Ozonzerstörungsrate in der maritimen Grenzschicht.

MIX
Papier aus verantwortungsvollen Quellen
Paper from responsible sources
FSC® C105338

If you have any concerns about our products,
you can contact us on
ProductSafety@springernature.com

In case Publisher is established outside the EU,
the EU authorized representative is:
Springer Nature Customer Service Center GmbH
Europaplatz 3, 69115 Heidelberg, Germany

Printed by Libri Plureos GmbH
in Hamburg, Germany